浙江省普通高校"十三五"新形态教材

印刷设备及综合实训

吕 勇 宋 词 主 编

中国轻工业出版社

图书在版编目（CIP）数据

印刷设备及综合实训/吕勇，宋词主编. —北京：中国
轻工业出版社，2021.8

浙江省普通高校"十三五"新形态教材

ISBN 978-7-5184-3580-7

Ⅰ.①印… Ⅱ.①吕…②宋… Ⅲ.①印刷–设备–高等

学校–教材 Ⅳ.①TS803.6

中国版本图书馆 CIP 数据核字（2021）第 130997 号

责任编辑：杜宇芳

策划编辑：杜宇芳　责任终审：李建华　封面设计：锋尚设计
版式设计：霸　州　责任校对：宋绿叶　责任监印：张　可

出版发行：中国轻工业出版社（北京东长安街 6 号，邮编：100740）

印　　刷：三河市国英印务有限公司

经　　销：各地新华书店

版　　次：2021 年 8 月第 1 版第 1 次印刷

开　　本：787×1092　1/16　印张：10

字　　数：220 千字

书　　号：ISBN 978-7-5184-3580-7　定价：49.80 元

邮购电话：010-65241695

发行电话：010-85119835　传真：85113293

网　　址：http://www.chlip.com.cn

Email：club@ chlip.com.cn

如发现图书残缺请与我社邮购联系调换

201126J2X101ZBW

前　言

　　本书入选浙江省普通高校"十三五"新形态教材（高职高专）。本书是印刷包装专业"印刷设备及操作""印刷综合实训""职业技能鉴定培训"等核心课程的配套教材之一。本书摒弃了以往追求"知识多、工艺全"的传统思维理念，不追求内容宽泛、浅尝辄止；而追求核心技能的深度挖掘。以培养学生的工作能力、职业素质为导向，来设计课程的项目。详细阐述了单张纸胶印机各机构的调节、操作及其知识点，同时也兼顾了印刷综合实训整个操作流程。

　　以现代学徒制，校企共同合作开发教材项目。每个项目首先以项目导入、知识目标、技能目标来说明项目的开发缘由及学生要掌握的技能及知识内容，通过项目训练实施教学。每个项目均安排练习与测试来巩固和加强，可方便学生自学。本书编写符合学生从感性到理性的认知规律，关注持续成长，注意延伸学习；在突出实践导向的同时，注意各知识点的延伸性，培养学生的持续学习能力，举一反三，以适应企业的不同需要；强调任务驱动，理论适度够用；引入职业教育的任务驱动理念，明确每一项目教学单元的培养目标和知识点、技能点，知识教学和技能训练交叉进行。

　　随着信息化教学到来，教材辅以大量的数字资源，在职教云平台中，有与本书相关的课件 PPT、操作模拟动画视频、操作视频、测试题库，方便学生课前自学以及课后知识技能强化。

　　本书为突出重点，根据印刷综合实训流程，设计了 7 个项目。本书由义乌工商职业技术学院的吕勇、宋词主编，周刚及程志通参与编写。在编写过程中得到了增和包装股份有限公司咸政卫高级工程师、义乌市印刷行业协会傅效峰秘书长、北京印刷学院方一博士和安粒博士等许多同志的指导和大力帮助，在此表示衷心感谢。由于编者水平和能力有限，书中难免会出现不妥之处，恳请广大读者和专家批评指正。

吕勇

2020 年 12 月 30 日

课程二维码（浙江省高等学校在线开放课程）　　　　课程二维码（职教云）

目　录

项目一 认识胶印机

项目导入

胶印是平版印刷方式的一种，它借助于橡皮布将印版上的图文传递到承印物上，是目前印刷的主流方式，占据了整个印刷工业生产 50%~60% 的市场。近 20 年来，由于单张纸胶印机主要机构和部件的不断改进和完善、新型金属材料和特种加工工艺的不断应用，传动齿轮、轴承、滚筒等关键零部件的精度都有了大幅提升。随着单张纸胶印机自动化、智能化快速发展，采用了更可靠灵敏的电气控制系统，单张纸胶印机的印刷性能和印刷速度得到了很大提升。随着新技术、新材料和智能控制技术的迅速发展和推广应用，胶印机向着高速化、自动化、智能化方向发展。本项目以单张纸胶印机作为典型案例进行分析，对于掌握印刷设备原理及操作方法具有重要的实践意义。

知识目标

① 熟悉胶印机分类
② 熟悉胶印机命名方法
③ 熟悉单张纸胶印机的组成
④ 熟悉单张纸胶印机的发展方向

技能目标

① 掌握 SHOTS 模拟软件开机过程
② 掌握胶印机安全操作规范
③ 掌握单张纸胶印机（中景 PZ17440）开机过程

考核评价

① 理论测试
② 实操考评

知识技能树

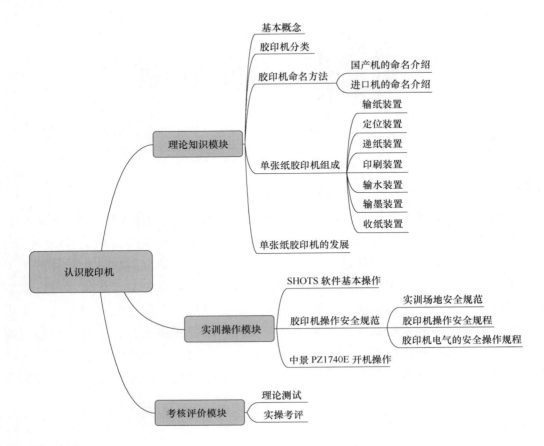

理论知识模块

1.1　基本概念

（1）胶印机　一种间接印刷机，通过橡皮滚筒来实现间接印刷。

（2）色数　印刷机每次印刷的颜色数量。

（3）幅面　印刷机所能承印的纸张尺寸大小。

（4）滚筒排列　印刷三滚筒之间布局的位置和角度。

1.2　胶印机分类

胶印机（也称平版印刷机）的种类繁多，可按照不同的分类方法，如表 1-1 所示。

表 1-1　　　　　　　　　　　　　　　　胶印机分类

分类方法	种 类 名 称
给纸方式	单张纸胶印机、卷筒纸胶印机
纸张幅面大小	全张胶印机、对开胶印机、四开胶印机、八开胶印机等

续表

分类方法	种 类 名 称
印刷色数	单色平版印刷机、双色平版印刷机、四色平版印刷机、五色平版印刷机及多色平版印刷机
印刷面数	单面平版印刷机和双面平版印刷机
用途	报纸平版印刷机、书刊平版印刷机、商业用平版印刷机
自动化程度	半自动平版印刷机(手动输纸)、自动平版印刷机(自动输纸)及全自动平版印刷机(实现了装版、调压、套准、水墨控制、输纸、收纸、清洗均自动完成)

1.3　胶印机命名方法

1.3.1　国产机的命名介绍

（1）1973 年命名方法（1973.7.1—1983.1.1）　①基本型号＋辅助型号。以 J 开头，打样机为 JY 开头，卷筒纸胶印机以 JJ 开头，JS 表示胶印双面印刷机。②单张纸胶印机第一个数字表示幅面，卷筒纸胶印机设有表示幅面的参数，1 为全张，2 为对开，4 表示四开。③单张纸胶印机第二个数字表示色数，也就是卷筒纸胶印机的第一个数字。④单张纸胶印机的第三和第四个数字表示设计的顺序号，也就是卷筒纸胶印机的第二和第三个数字。⑤最后一个字母表示改进设计的版本，如：J2108A——对开单色胶印机（图 1-1）、J2205——对开双色胶印机、JJ102——卷筒纸单色胶印机、JS2101——对开单色双面胶印机、JY102——全张胶印打样机。

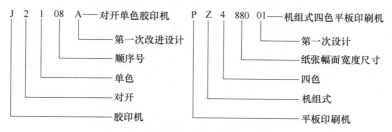

图 1-1　国产胶印机命名

（2）1983 年命名方法（1983.1.1-1989.1.1）　①与 1973 年的标准相比有两点区别：使用了平版的 P 代替了胶印的 J，使用了纸张的幅面宽度参数代替了纸张幅面的开数。②PZ 表示平版胶印机组式，DP 表示打样平版胶印机，PJ 表示卷筒纸平版胶印机，PW 表示卫星式，PD 表示对滚式平版胶印机，如：PZ1880H——机组式平版胶印机（单色，幅面宽度为 880）；PZ4880-01——机组式平版胶印机（4 色，幅面宽度为 880，设计序号为01），如图 1-1 所示；PZ11230——单色机组式幅面 1230；PW2920-01——双色五滚筒式幅面；PJ1575——卷筒纸幅面 1575；DP1230——打样机面 1230。

（3）1989 年命名方法（1989.1.1-1993.1.1）　①使用了印刷的 Y 作第一个字母。②表明了印版的种类，如：凸版-T、凹版-A、平版-P、孔版-K、特种-Z。③印刷面数。对于单面印刷机，型号中不用表示印刷面数代号；对于双面印刷机或双面印刷与单面印刷可变印机，可用字母 S 表示。④印刷色数。印刷色数代号用阿拉伯数字 1,2,3……表示单面的印刷色数；一面为单色而另一面为多色的印刷机，用多色的色数表示。⑤印刷幅面。使用国际通用的 A、B 系列纸张幅面表示印刷幅面。对于既可印刷 A 系列纸张，又可印刷 B 系列纸张的印刷机，一律按 B 系列标注。如：全张 A0：787×1092 或 920×1230，全张 B0：1000×1400，YP2A1A——双色对开平版印刷机（第一次改进设计）。

（4）1993 年命名方法　用 S 表示双面或单双面可变的印制机，单面印刷机及其他承印材料的印刷机和卷筒纸印刷机不进行标注；单色机不标注色数；改进设计的字母可以表示厂家开发的新产品。如：YP2A1A——对开双色平版印刷机（第一次改进性或第二个厂家的产品），YP880——单色卷筒纸双面平版印刷机，YKP4A3——八开四色平型丝网印刷机。

1.3.2　进口机的命名介绍

进口机的命名目前没有统一规定，由各生产家自行制定。

（1）德国海德堡单张纸胶印机型号（表 1-2）

表 1-2　　　　　　　　　海德堡单张纸胶印机典型型号

型号	色数	纸张规格/mm		最大印刷幅面 /mm	承印物厚度 /mm	最高印速 /（印张/h）
		最大	最小			
PMG TO 52						
PMG TO 52-5	5	360×520	105×180	340×505	0.03~0.4	8000
PM52-5	5	370×520	105×145	360×520	0.03~0.4	15000
SM52						
SM52-5	5	370×520	140×145	360×520	0.03~0.4	15000
SM52-5P	5	370×520	105×145	360×520	0.03~0.4	15000
QM46						
QM46-1	1	460×340	140×89	453×330	0.04~0.3	10000
QM46-2	2	460×340	140×89	453×330	0.04~0.3	10000
PM74						
PM74-2	2	530×740	210×280	520×740	0.03~0.6	15000
PM74-2P	2	530×740	300×280	510×740	0.03~0.6	15000
SM74						
SM74-4	4	530×740	300×280	520×740	0.03~0.6	15000
SM74-4P	4	530×740	300×280	510×740	0.03~0.6	15000
SM74-4H	4	530×740	210×280	520×740	0.03~0.6	15000
SM74-PH	4	530×740	300×280	510×740	0.03~0.6	15000
CD74						
CD74-8f	8	600×740	210×350	585×740	0.03~0.8	15000
SM102						
SM102-5	5	720×1020	340×480	710×1020	0.03~0.8	15000
SM102-5P	5	720×1020	400×480	700×1020	0.03~0.8	15000
SM102-8P	8	720×1020	400×480	700×1020	0.03~0.8	15000

续表

型号	色数	纸张规格/mm		最大印刷幅面 /mm	承印物厚度 /mm	最高印速 /(印张/h)
		最大	最小			
CD102						
CD102-5	5	720×1020	340×480	700×1020	0.03~1.0	15000
CD102-6	6	720×1020	340×480	700×1020	0.03~1.0	15000
CD102-7	7	720×1020	340×480	700×1020	0.03~1.0	15000
CD102-8	8	720×1020	340×480	700×1020	0.03~1.0	15000
XL 系列						
XL75-4	4	605×750	210×350		0.03~0.8	18000
XL105-4	4	750×1050	340×480	740×1050	0.03~1.0	18000
XL145-4	4	1060×1450	630×860		0.06~1.6	15000
XL162-4	4	1210×1620	630×860		0.06~1.6	15000

（2）德国罗兰公司的产品系列（表1-3）

表1-3　　　　　　　　　罗兰单张纸胶印机典型型号

罗兰200系列（Roland 200）					
型号	R201	R202	R204	R205	R206
最大纸张尺寸/mm	520×740	520×740	520×740	520×740	520×740
印刷色数	1	2	4	5	6
罗兰300系列（Roland 300）					
型号	R302	R304	R305	R306	R308
最大纸张尺寸/mm	530×740	530×740	530×740	530×740	530×740
印刷色数	2	4	5	6	8
罗兰700系列（Roland 700）					
型号	R702	R704	R705	R706	R708
最大纸张尺寸/mm	740×1040	740×1040	740×1040	740×1040	740×1040
印刷色数	2	4	5	6	8
罗兰900系列（Roland 900）					
型号	R902-4	R904-4	R905-4	R906-4	R908-4
最大纸张尺寸/mn	820×1130	820×1130	820×1130	820×1130	820×1130
印刷色数	2	4	5	6	8

（3）德国科尼希&鲍尔高宝单张纸胶印机型号（表1-4）

（4）日本小森单张纸胶印机型号（表1-5）

（5）日本三菱公司单张纸胶印机型号（表1-6）

表1-4　　　　　　　　　　　　高宝单张纸胶印机典型型号

型号	色数	纸张规格/mm		最大印刷幅面/mm	承印物厚度/mm	最高印速/(印张/h)
		最大	最小			
RAPID A 105						
RA105-5+LA LV 2	5	740×1050	340×480	730×1050	0.05~0.7薄纸/纸板：0.04~1.2	18000
RAPID A 大面胶印机						
RAPID A-142-5+L-ALV2	5	1020×1420	600×720	1010×1420	0.06-0.9薄纸/纸板：0.04~1.6	14000
RAPID A-142-4+L-ALV2	4	1020×1420	600×720	1010×1420	0.06-~0.9薄纸/纸板：0.04~1.6	14000
RAPID A 超大幅面胶印机						
RAPID A-205-4+L+T	4	1510×2050	900×1350	1490×2050	0.1-0.9纸板~1.2厚纸板~1.6	9000

表1-5　　　　　　　　　　小森单张纸胶印机典型型号

型　号	最大纸张尺寸/mm	代码含义
Lithrone S40-4、LithroneS40-4P、Lithrone S 40-4SP 等	720×1030	"4"为色数、"S"为系列名、"P"为带翻转机构、"SP"为双面
Lithrone 44-4、Lithrone 44RP、Lithrone 44SP、Lithrone 44RP 等	820×1130	"RP"为正面多色而反面单色、"SP"为双面

表1-6　　　　　　　　　　三菱单张纸胶印机典型型号

型号	最大纸张尺寸/mm	代码含义
DIAMOND（钻石）3000-4 等	720×1020	"4"为色数

1.4　单张纸胶印机组成

　　单张纸胶印机主要由输纸装置、定位装置、递纸装置、印刷装置、输水装置、输墨装置、收纸装置等部件组成，如图1-2所示。

　　（1）输纸装置　单张胶印机的输纸装置主要由分纸器、堆纸台和输纸板组成。纸张被整齐的堆放在堆纸台上，经过分纸器一张张分开，再通过输纸板被送到规矩部件定位。

　　（2）定位装置　纸张在被输送到输纸板前端进入滚筒之前，必须先经过规矩部件的定位，才能保证每张纸进入滚筒时处于确定的位置。定位装置由对纸张进行前后方向（纸张前进方向）定位的前规和左右方向（纸张垂直方向）定位的侧规组成。

　　（3）递纸装置　纸张在输纸板上经前规和侧规定位后，由递纸机构把静止的纸张加速后交给压印滚筒进行印刷。

　　（4）印刷装置　通过滚筒滚压把印版上的油墨最终按图文要求转移到纸张上，装置

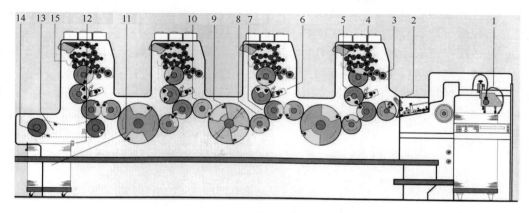

图 1-2　单张纸胶印机组成

1—输纸装置　2—定位装置　3—输水装置　4—输墨装置　5—橡皮滚筒　6—橡皮布自动清洗装置
7—压印滚筒　8~10—传纸滚筒　11—收纸堆　12—齐纸装置　13—收纸装置　14—收纸链条

中包含有离合机构和滚筒中心距的调节机构。

（5）输水装置　输水装置的作用是保证输水定时、定量、均匀，水墨平衡是平版印刷的基础。

（6）输墨装置　输墨装置由墨斗和若干功能不同的墨辊组成，保证油墨定时、定量、均匀涂敷在印版上。另外，还设有适时停墨和着墨的离合机构以及墨辊压力调节机构。

（7）收纸装置　单张纸在印刷后会被传送至收纸装置，使其整齐、平稳地叠垛成堆，以续加工。

1.5　单张纸胶印机的发展

2019 年，我国印刷设备、器材进出口贸易总值达到 56.59 亿美元（同比增长 4.0%）。其中，国内印刷装备、器材进口总值 24.18 亿美元。印刷装备进口为 19.71 亿美元、印刷器材进口为 4.47 亿美元，占国内印刷装备、器材进口总值的百分比分别为 82%、18%。

（1）单张纸胶印机高速化　各个主要的印刷机制造商都推出了速度为 18000 张/h 的主流机型，无论是规模上还是技术的成熟度上都有了较大的提高。大幅面的设备也能够达到 15000 张/h 的速度，提高了单张纸胶印机的生产效率。

（2）单张纸胶印机自动化　除了传统的自动控制技术以外，为了能够减少开机辅助时间，每个操作单元也可以独立运行，即同时做几件事情，节约时间，提高效率。目前，国外主流机型已基本都配备了以下自动化功能：①自动对应控制：当设置了纸的规格、尺寸后，可自动进行滚筒压力、侧规、齐纸、供墨、喷粉等自动调节。②自动或半自动上版：可利用能装载一定数量印版的版盒，通过自动控制系统进行上版、印刷，完全无须人工干预；或通过人工放置印版预定位置，由自动装版机构装载或下印版。③橡皮布滚筒和压印滚筒自动清洗：全自动的清洗系统同样可以自动控制，清洗时间、清洗液量等均可在操作台上预先设置。④全集成色彩控制面板：具有高度人机对话功能、可彩色触摸显示的控制功能，可方便地预设、设置、调整和记录。

（3）印刷更加绿色环保　印刷过程中，减少废张、减少机器能耗、减少有机物的排放是各个印刷机制造商所追求的目标。减少废张一方面是通过提高机器自身的性能，另外是通过流程的管理和控制，CIP3/CIP4 对于印刷企业来说不仅仅是效率，同时还可以减少废张。减少能耗可以通过使用新型的电机和风机，改善印刷机的温控，改善干燥效果等方面加以解决。在消除粉尘、减少异丙醇用量上，印刷机都配有清洁系统，回收多余的喷粉。现在国外的许多印刷机都开始使用 6% 以下的异丙醇，这些将都是单张纸胶印机的未来发展方向。

实训操作模块

2.1　SHOTS 软件基本操作

2.1.1　SHOTS 软件主界面

步骤 1：启动 SHOTS 软件。打开 SHOTS 模拟软件的主界面。在 SHOTS 模拟软件安装完成后，双击桌面上"SheetSim SHOTS 6.0 Heidelberg"快捷方式图标（对应海德堡虚拟胶印机操作大厅），如图 1-3 所示。进入 SHOTS 模拟软件的主界面，如图 1-4 所示。

图 1-3　桌面上 SHOTS 快捷方式图标

步骤 2：标准印刷模式操作。点击图 1-4 中的"①标准印刷模式"，进入理想状态的印刷大厅模式，熟悉海德堡虚拟胶印机操作大厅内的设施。移动鼠标，可发现光标所指的设备部件上会显示该部分的名称。在这里没有错误或故障，是一个浏览 SHOTS 印刷车间和印刷样张的理想地方，如图 1-5 所示。

步骤 3：练习题模式操作。点击图 1-4 中的"②练习题模式"，可熟悉 SHOTS 预设模拟练习题题目的命名方式和开题选题程序。如图 1-6 所示，练习题的题目名称由"路径-课程-练习"3 部分组合而成，开题选题程序是：先按"路径-课程-练习"选题后，在姓名框中填入本次操作者名称"xiaogao"，最后点击印刷机图标，就可进入练习题了。

步骤 4：系统设置操作。点击图 1-4 中的"③系统设置"，可进行选择语言、设置单屏或双屏显示、设置声音的开关、设置测色工具类型等操作。通常由系统管理者和授训者来选择。建议在设置测色工具类型时选择联机密度计，如图 1-7 所示。

步骤 5："关于软件"操作。点击图 1-4 中的"④关于软件"，在此可以找到参与 SHOTS 模拟软件及核心胶印知识开发的合作伙伴的名单，用图像显

图 1-4　SHOTS 模拟软件的主界面示意图

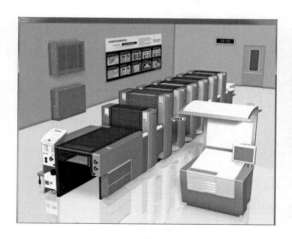

图1-5　海德堡虚拟胶印机操作大厅界面示意图

图1-6　SHOTS预设模拟练习题的题目的
命名方式和开题选题程序界面示意图

示的，单击图像即可返回主菜单。

步骤6："退出"操作。点击图1-4中的"⑤退出"，单击"退出"，可退出 SHOTS 模拟软件，返回桌面。

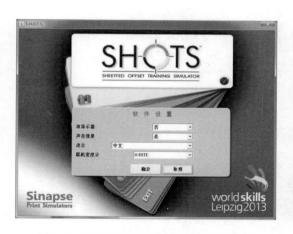

图1-7　SHOTS系统设置操作界面示意图

图1-8　看样台界面示意图

2.1.2　虚拟胶印机看样台图标功能

虚拟胶印机在看样台上能取样的前提是虚拟胶印机能进行正常开机合压印制。看样台（图1-8）上的图标1~14的功能表如表1-6所示。

2.1.3　虚拟胶印机开机印刷检测标准操作流程

虚拟胶印机开机印刷检测标准操作流程（本书中简称"标准流程"）如下。

步骤1：打开模拟软件，进入练习题模式，选题后，在姓名处输入指定的用户名，如图1-9所示。单击印刷机图标，进入印刷大厅界面，如图1-10所示。

表 1-6　　　　　　　　　　看样台上的图标功能

编号	功能	编号	功能	编号	功能
1	取样	6	放大左下方	11	上下显示印张和纸张
2	以前的印刷副本	7	放大右下方	12	显示另一半
3	返回到全幅纸张	8	观察另一面	13	选取分析工具
4	放大左上方	9	回到全屏显示	14	国到印刷大厅
5	放大右上方	10	左右显示印张和纸张		

图 1-9　SHOTS 进入练习题模式开题

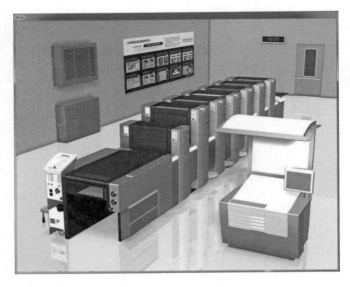

图 1-10　印刷大厅界面

步骤 2：在印刷大厅界面，进入操作台。

步骤3：在印刷大厅界面，从操作台单击进入"操作台"界面，如图1-11所示。

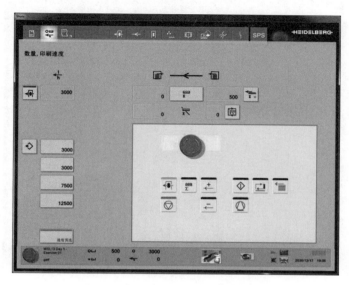

图1-11 "操作台"界面

步骤4：在操作台中，单击"SPS"，查看印刷工单，如图1-12所示。检查训练者信息，了解习题的大概情况，通过检查下方的工单信息了解色序、油墨、纸张等信息。

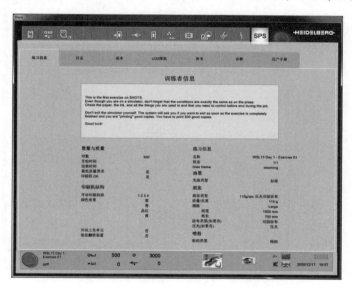

图1-12 印刷工单界面

步骤5：检查色序设置，对照工单要求检查当前印刷机状况是否和工单内容要求一致。首先检查色序，单击进入"印刷单元"界面，如图1-13所示。

步骤6：检查纸张信息，单击进入"单张纸经过"界面，如图1-14所示。

步骤7：检查墨键预置，如果墨键没有预置，需要根据印版版面图文分布信息进行重新预置，如图1-15所示。检查后再返回到印刷大厅，如图1-16所示。

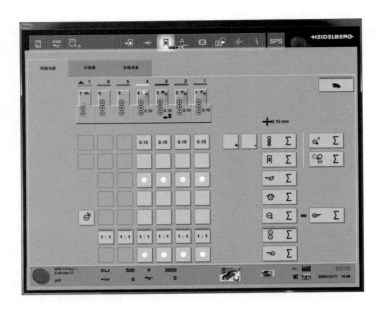

图 1-13   进入"印刷单元"界面

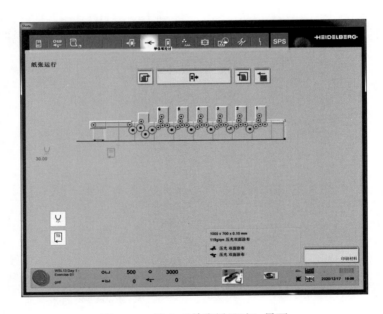

图 1-14   进入"单张纸经过"界面

步骤 8：检查给纸堆是否有纸，如图 1-17 所示，如果没有纸，单击"主纸堆下降"，添加 2000 张纸。注意：一般要加到 4000 张为止。

步骤 9：检查墨斗中是否有墨，如图 1-18 所示。逐一检查各色机组墨斗墨量，若无，则加墨至 5kg。注意：一般墨斗中墨量少于 1kg 就会造成印刷密度不够。

步骤 10：检查收纸堆中是否有纸。如果有纸，单击"主纸堆下降"，在行为中选择取走纸堆，加入空堆纸板，如图 1-19 所示。

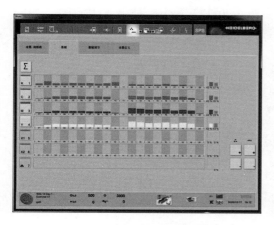

图 1-15　检查墨键预置

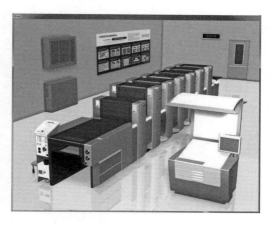

图 1-16　返回到印刷大厅

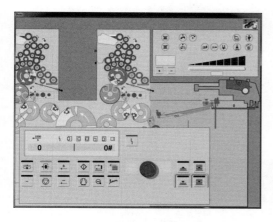

图 1-17　检查给纸堆是否有纸

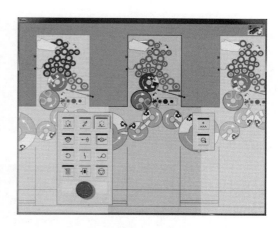

图 1-18　检查墨斗中是否有墨

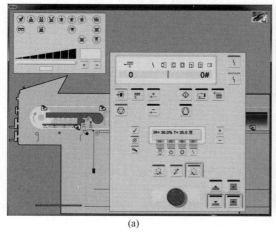

(a)

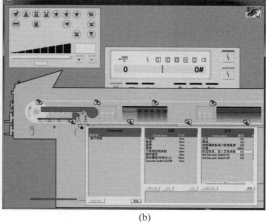

(b)

图 1-19　检查收纸堆中是否有纸

（a）检查收纸堆操作　（b）取走收纸堆纸张操作

步骤 11：检查空调设置是否正确，标准温度为 20℃，标准相对湿度为 60%，如图 1-20 所示。

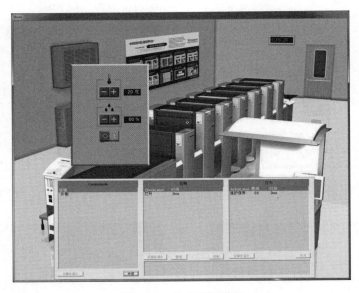

图 1-20　检查空调设置

步骤 12：检查水箱中参数设置是否正确，标准温度：9℃，标准酒精浓度：2.0%，标准添加剂：2.5%，如图 1-21 所示。

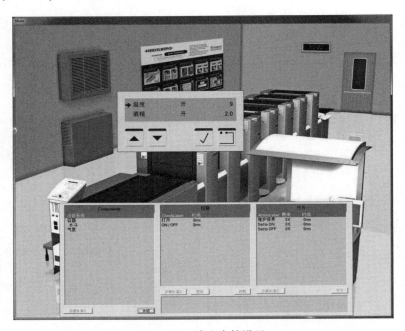

图 1-21　检查水箱设置

步骤 13：检查完成后，回到操作台。

步骤 14：开机印刷操作。双击操作台"生产"按钮图标进入印刷状态。注意"生产"按钮图标上方绿实线变亮时才是激活状态。此时,"飞达""纸张运行""气泵"3 个按钮图标左侧的黄实线也变亮了,说明它们也处在激活工作状态,如图 1-22 所示。

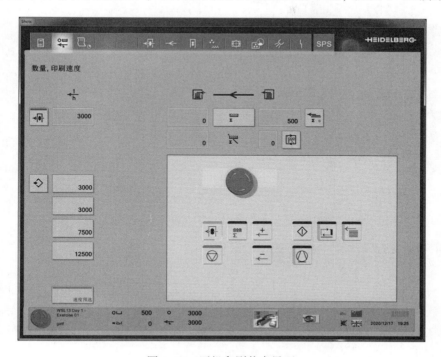

图 1-22　开机印刷状态界面

步骤 15:开机后,进入看样台界面取样,如图 1-23 所示。注意:取样后要及时关闭输纸(图 1-24),这样可节约操作成本。打开印张和标准样的对比,查看印张上的问题,如图 1-25 所示。

图 1-23　看样台界面取样操作

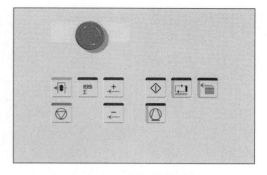

图 1-24　关闭输纸状态界面

步骤 16:进入 SPS 工具中的诊断,分析样张上的问题,如图 1-26 所示。

步骤 17:将对应的问题解决后,按下"净计数器开关",随后继续取样,直至跳出如图 1-27 所示的窗口。

图 1-25　看样台取样与标样比较操作界面

图 1-26　关闭输纸状态界面

步骤 18：单击"是"，练习完成，如图 1-28 所示。

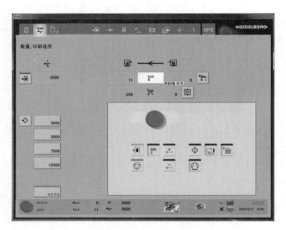

图 1-27　按下"净计数器开光"操作界面

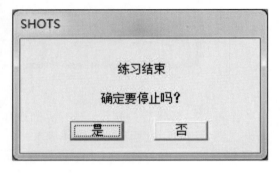

图 1-28　练习完成界面

2.2　胶印机操作安全规范

2.2.1　实训场地安全规范

（1）实训、实习场地，必须存放一定数量的消防器材，消防器材必须放置在便于取用的明显位置，指定专人管理，全体人员要爱护消防器材，并且按要求定期检查更换。

（2）存放的一切易燃、易爆物品（如纸张、油墨、汽油等）必须与火源、电源保持一定距离，不得随意堆放，严禁烟火。

（3）操作胶印机时必须穿工作服、戴工作帽，袖口扣紧，女生盘发。操作过程中，必须有实训指导老师在场。

（4）发生紧急事故时，应以下列优先次序处置：①保护人身安全，即本人安全及他人安全；②保护公共财产；③保存学术资料；④拨打重要电话号码：火警电话 119、匪警电话 110、医疗急救 120。

2.2.2　胶印机操作安全规程

（1）检查各个操纵器件是否处于正常位置，各保险旋处于"工作"位置，各停车按钮在停车位置，飞达供气手柄在右边无气位置，供墨、供水手柄在"停墨"和"停水"位置，供墨量、输水量的调节手轮调整在适当位置。

（2）检查各个防护罩是否妥善盖好，装在版滚筒与橡皮滚之间的安全杠是否到位。启动印刷机低速空转 5min，观察润滑油路是否畅通，供油是否正常。再启动气泵，然后启动印刷机慢速运转，启动飞达，将飞达供气手柄置于极左位置，观察送纸情况，如送纸正常，即可按下"生产"按钮；如送纸不正常，即应停飞达，检查原因，调整飞达，清除不正常的纸，再启动飞达试运转，待送纸正常后方可按下"升速"按钮。在按下加速按钮时，必须注意转速表转速，所需的印刷速度选择好。**要特别注意：在飞达启动前，不得按下加速按钮**！

（3）经常检查加墨、加水的情况，在加墨时可用墨刀向上墨辊上刮墨，但严禁向传墨辊和墨斗辊之间刮墨，以防止刮墨刀卡住造成事故。

（4）经常注意送纸情况，纸张歪斜时，必须停车去除废纸。

（5）应注意油箱内油面位置，检查各主要轴承的润滑情况及升温情况。

（6）在变更印刷色彩之前，一定要清洗水槽，必要时更换水辊并要将滚筒和墨辊洗净。

（7）为了保证印刷质量，开始印刷后立即检查印品，以后每次取出收纸堆时，都必须检查印刷质量。每运转 4h 要检查各电机的升温一次。

（8）每星期检查各安全装置及终端工作是否正常，主电机的刹车机构是否正常，必要时，可重新调整。

（9）每星期检查皮带拉力是否适合，按下皮带中间部分时皮带下垂不得超过 4mm。

（10）操作结束后必须清洗印刷滚筒和墨辊，清洁机体各部分，要特别注意擦净滚枕，将计数器印张数字记下后，使计数器复零位，填写运转记录，向下一组人员介绍机器运转情况，移交工具。

2.2.3　胶印机电气的安全操作规程

（1）各电动机应根据电动机保养条例，按时清洗及加油。

（2）定期检查各电动机的制动器，制动器的动作行程为 0.3～0.5mm，如发现制动器行程过大，则可通过其端盖上的六角螺栓进行调整，如发现制动器磨损严重的应及时更换。

（3）定期检查各电气元件的紧固螺钉，发现松动应及时更换。

（4）定期检查各限位开关是否失灵，发现损坏应及时更换。

（5）各光电头表应保持清洁，蹭脏需用柔软清洁的薄纸轻擦干净，光电头不得用东西敲击和碰撞，以免损坏。

（6）停机 1h 以上应切断总电源，以延长各电器的使用寿命。

2.3　中景 PZ1740E 开机操作

2.3.1　任务解读

按键操作内容：①开启和关闭胶印机操作。②胶印机开空车、走纸、停车操作。操作按键均设置于机器操作面的操作台。③胶印机印刷操作。使用"自动印刷键"或"走纸、上水、上墨、合压键"完成印刷。

2.3.2　设备、材料及工具准备

（1）设备：中景 PZ1740E 胶印机 1 台，并且已根据纸张尺寸设置并调节好机器。

（2）材料：已裁切好的纸张 2000 张，并装上给纸台润湿箱配置好润湿液；给墨斗上墨；印版一套并安装。

（3）工具：胶印机其他常用操作工具 1 套（备用）。

2.3.3　课堂组织

"开启和关闭胶印机操作" 5 人一组操作一遍；"胶印机开空车、走纸、停车操作"每人操作 1 次，时间控制在 1min 内；"胶印机印刷操作" 5 人一组，每组印出样张，要求 5min 完成，教师根据样张效果进行评分。

2.3.4　操作步骤

以操作中景 PZ1740E 胶印机为例。

（1）开启和关闭胶印机操作

步骤 1：开启。将机器控制台侧面上的"开关手柄"转到"ON"位置，如图 1-29 所示，此时智能控制台上灯亮，待触摸显示屏正常，即机器开启。

图 1-29　开关手柄

步骤 2：机器进入自检，当飞达控制面板上显示屏，出现如图 1-30 所示界面时，表明机器自检正常，可以正常进行后续操作。

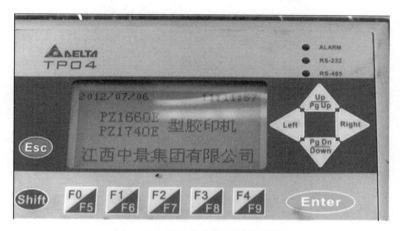

图 1-30　飞达控制面板上显示屏

（2）胶印机开空车、走纸、停车操作

步骤 1：开启胶印机。机器开启后检查下机器上是否有异物，在飞达面板控制操作台按"主机启动按键"，如图 1-31 所示，此时响铃，再按一次启动按键，机器以 3000～3500r/h 的速度运转。

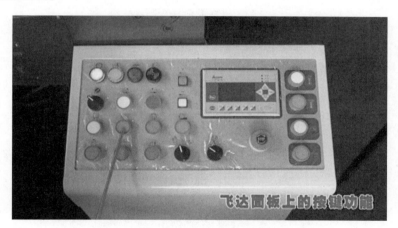

图 1-31　主机启动按键

步骤 2：按"输纸开按键"，如图 1-32 所示，过一会儿能听到离合器结合的声音，此时输纸装置运转。

步骤 3：旋转"气泵开旋钮"，如图 1-33 所示，此时，气泵启动飞达输纸。

步骤 4：按"定速键"，如图 1-34 所示，让机器按照设定的速度高速运转。

步骤 5：再按一次"输纸开按键"，如图 1-35 所示，主机自动降速至 3000～3500r/h。

步骤 6：按"输纸停按键"，如图 1-36 所示，离合器分离，输纸装置停止运转（但主机仍在运转）。

步骤 7：如需要主机停止，则"主机停按键"（图 1-37），主机停止运转。

（3）胶印机印刷操作　在前面操作基础上，进行胶印机合压印刷操作。

步骤 1：在飞达控制面板上，旋转"自动合压印刷旋钮"（图 1-38）。

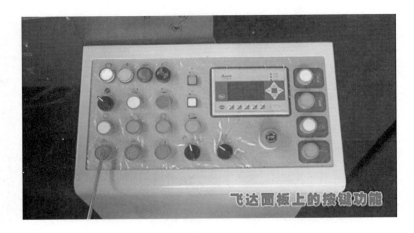

图 1-32　输纸开按键

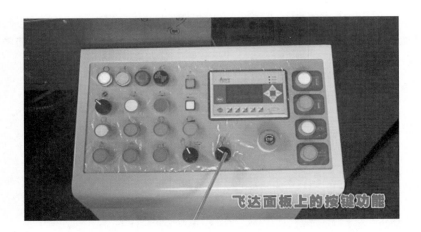

图 1-33　气泵开旋钮

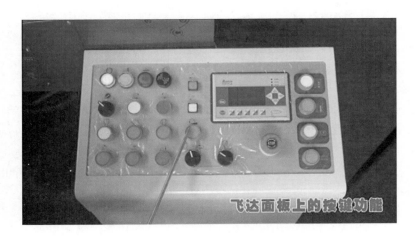

图 1-34　定速键

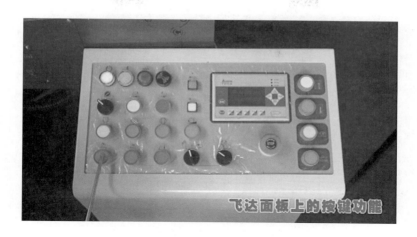

图 1-35 降速操作

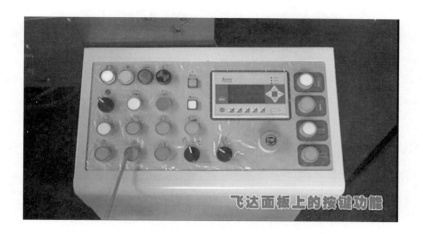

图 1-36 输纸停按键

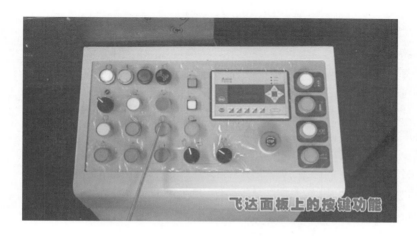

图 1-37 主机停按键

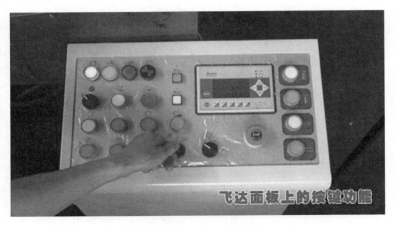

图 1-38   自动合压印刷旋钮

步骤 2：机器按"主机启动按键"，机器主机运转，输纸开，气泵开，当前规电眼检测到纸张时自动给水、给墨、合压，机器自动按预先设置速度印刷。

步骤 3：停止印刷时，按"输纸停按钮"，飞达停止输纸，机组逐步离水、离墨、离牙，主机降至 3000~3500r/h 运转。

步骤 4：如需要主机停止，则按"主机停按钮"，主机停止运转。

考核评价模块

3.1   理论测试

（1）说出下列型号中各部分的含义

① J2108A、J2205、PZ4880-01

② SM52-4、PM74-2、

③ RA105-5、Roland 900

④ Lithrone S40-4

（2）填空题

① 我国目前进口胶印机的主要生产厂家有：＿＿＿＿＿＿＿＿＿＿。

② 胶印机主要由＿＿＿＿＿＿＿＿＿＿几部分组成。

③ 按印刷材料的形式分类，印刷机分为＿＿＿＿＿＿和＿＿＿＿＿＿。

④ 平版胶印机应用的基本原理是＿＿＿＿＿＿＿＿＿＿。

⑤ 胶印过程中印版要先上＿＿＿＿＿＿，再上＿＿＿＿＿＿。

（3）选择题

① 哪些印刷机为平版印刷机＿＿＿＿＿。

A. 平张纸胶印机   B. 卷筒纸书刊轮转机

C. 卷筒纸胶印机   D. 平张纸双面印刷机

② 当前，平版胶印主要使用＿＿＿＿＿。

A. 平凹版   B. PS 版   C. 多层金属版   D. 蛋白版

③ 印刷过程中有水参与的是＿＿＿＿＿。

A. 胶印　　　　　B. 柔印　　　　　C. 凹印　　　　　　　D. 丝网印刷

（4）问答题

① 胶印与其他印刷相比，有哪些显著的特点？

② 论述单张纸胶印机发展方向。

3.2　实操考评

技能操作考评记录，如表 1-7 所示。

表 1-7　　　　　　　　　　　　　　技能操作考评记录表

考评内容	分值	评分标准	扣分	得分
安全操作规范	40	实训中心操作规章制度（10 分）		
		胶印机机操作基本安全知识（10 分）		
		服装、鞋等穿戴要求规范（5 分）		
		胶印机保养知识（15 分）		
单张纸胶印机开机	60	机台操作面板操作（10 分）		
		输纸操作（20 分）		
		合压操作（20 分）		
		关机操作（10 分）		
合计得分				
实训效果评价等级				
实训指导教师意见				

项目二　输纸机构调节

项目导入

单张纸胶印机要满足印刷机上将单张纸连续、准确地传送给印刷装置。胶印机印刷的高速度对于输纸机构的性能有重要要求，要保持高速、稳定，迫切需要输纸作业机械化、自动化。自动化输纸机构，不但可以节省人力，减轻工人的劳动强度，提高生产率，而且还可提高输纸的可靠性，以提高印刷质量。自动输纸机构在各种类型的单张纸印刷机中得到广泛应用，它已成为印刷机中不可缺少的重要组成部分。随着单张纸胶印机向高速化发展，气动式连续输纸机构成了主流，本项目通过对自动输纸机构性类型、性能进行比较，分析气动式连续输机构组成、工作过程，掌握气动式连续输机构的调节方法。

知识目标

① 熟悉自动输纸机构性能要求
② 熟悉自动输纸机构分类
③ 熟悉气动式连续输纸机构组成
④ 熟悉气动式连续输纸机构各部件工作原理

技能目标

① 掌握输纸机构 SHOTS 模拟操作过程
② 掌握 PZ1740E 输纸机构调节操作方法
③ 掌握输纸机构开机操作流程

考核评价

① 理论测试
② 实操考评

知识技能树

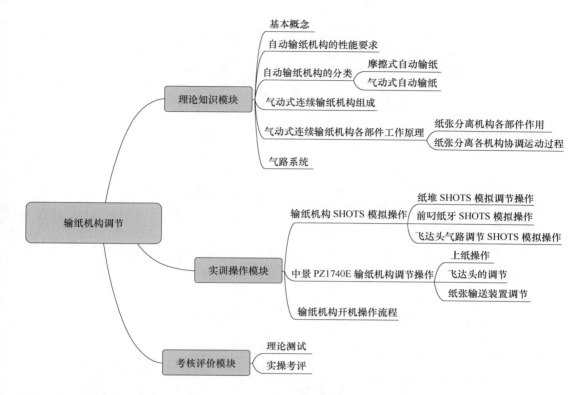

理论知识模块

1.1　基本概念

（1）飞达　输纸装置（自动给纸机）的俗称，是由英文"feeder"汉化而来，它的作用是将纸堆上的纸自动、准确、平稳并与主机同步有节奏地逐张分离开，并输送至定位装置进行定位。

（2）双张控制器　用来检测输纸过程中出现的双张或多张的一种检测机构。

（3）压差　纸张上下表面承受大气压力之差，它是纸张分离的必要前提。

（4）步距　输纸过程中第一张前边缘与第二张纸前边缘之间的间隙，是印刷机的一个设计参数。

（5）印刷速度　胶印机通常以每小时的印张数来表示。

1.2　自动输纸机构的性能要求

根据印刷工艺和印刷机本身的要求，自动输纸机构应具有以下性能：

（1）有较高的分纸、输纸速度，以适应主机的需要。

（2）能可靠、平稳而准确地把纸张传送至套准装置进行正确的定位。

（3）当纸张的品种、规格发生变化时，能方便地进行调整。

（4）保证纸张正确分离，应防止双张装置。

（5）在印刷过程中，给纸台能自动上升，使纸堆保持合理的高度，并尽可能做到不停机补充纸张。

（6）在输纸过程中，不能损伤纸张，对已印刷的表面，不能产生蹭脏现象。

（7）当出现双张、纸张歪斜或残纸等故障时，要有可靠的自动停机安全装置。

（8）机构简单，操作方便，占地面积小。在机器运转过程中，能进行必要的调整。

1.3　自动输纸机构的分类

（1）摩擦式自动输纸（图2-1）　摩擦式自动输纸机构的纸张分离是在摩擦轮的作用下完成的，在印刷过程中，下铺纸板上面的纸张前边沿被引导到分纸摩擦轮下面，分纸摩擦轮除了做上下运动外，还不停转动。当分纸摩擦轮下降时，依靠它与纸面的摩擦力，将纸张送到导纸装置。

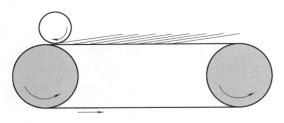

图2-1　摩擦式自动输纸

（2）气动式自动输纸　气动式自动给纸机是利用气泵先由松纸吹嘴把压缩空气吹入纸堆上面的数张纸之间，然后用分纸吸嘴把最上面一张纸吸起与纸难分离，再由送纸吸嘴将其输出。

① 间隔式气动输纸装置（图2-2）。间隔式输纸装置是指单张纸印刷机输纸过程中每张纸之间有一定距离的输纸装置。

图2-2　间隔式气动输纸

② 连续式气动输纸装置（图2-3）。连续式气动输纸机构是指在输纸过程中各张纸之间相互搭接一部分的输纸装置。

1.4　气动式连续输纸机构组成

气动式连续输纸机构的核心部件是纸张分离装置，它将单张纸从纸堆上分离出来并将

图 2-3　连续式气动输纸装置

其送往送纸轴。纸张分离装置的构成如图 2-4 所示。

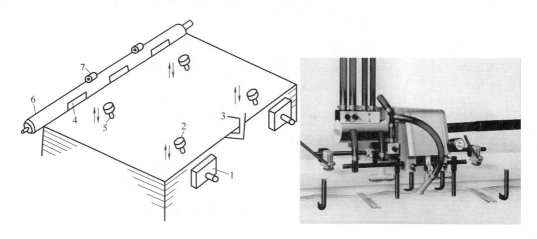

图 2-4　纸张分离装置的基本构成

1—松纸吹嘴　2—分纸吸嘴　3—压纸吹嘴　4—齐纸板　5—送纸吸嘴　6—送纸轴　7—送纸轮

松纸吹嘴设在给纸堆右侧上部位置，前后各设一个，其作用是将纸堆上部的纸张吹松，以便于纸张的正确分离，根据纸张的定量和印刷速度等调整其高低、前后和左右的位置。

分纸吸嘴一般设在给纸堆的右部上方，前后共设两个，其作用是将纸堆最上面的一张纸吸起分离纸张，如图 2-5 所示。

压纸吹嘴设在给纸堆右侧中央的右上方位置，其作用是：当分纸吸嘴将最上面的一张纸吸起后，压纸吹嘴从右上方插入，一方面将下面的纸张压住，另一方面接通吹气气路，

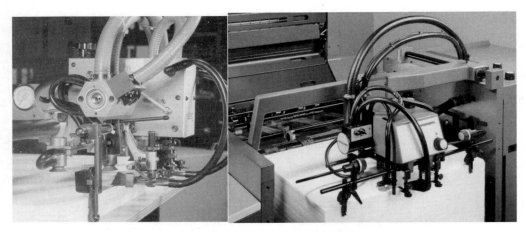

图 2-5   纸张分离装置各机构组成

将最上面一张纸吹起，以利于纸张的分离。同时，它还起检测纸堆高度的作用，一旦纸堆高度过低便自动接通纸堆自动上升机构，使纸堆自动上升。

齐纸板设在给纸堆左侧位置，一般设置三个。其作用是：当松纸吹嘴吹风时，为防止上面纸张向左面移动，由齐纸板将纸张挡住齐纸，一旦压纸吹嘴压住下面的纸张，齐纸板在凸轮机构的控制下向左摆动让纸。

送纸吸嘴设在纸堆左部上方，前后设两个。其作用是：将分纸吸嘴吸起的最上面一张纸接过来，并将其送往送纸轴处。

送纸轴与送纸轮配合使用。由于送纸轴不停地旋转，当送纸吸嘴吸住纸张向左输送时，送纸轮应抬起让纸，以便使纸张从送纸轮下方通过，而后随即将接纸轮放下，靠送纸轮与送纸轴的摩擦力将纸张送往输纸板。

1.5   气动式连续输纸机构各部件工作原理

1.5.1   纸张分离机构各部件作用

（1）分纸吸嘴   吸取纸堆最上面一张纸。

（2）递纸吸嘴   递纸吸嘴的作用是把分纸吸嘴吸起的纸张递给输纸板上的接纸辊。

（3）松纸吹嘴   吹松纸堆最上面的几张纸，为纸张的分离创造压差条件。

（4）压纸脚   压住分纸吸嘴吸起的那张纸下面的纸张，防止下面的纸张重斜或歪张；控制纸堆高度；为压差的形成创造条件。

（5）压片（毛刷）   防止第二张纸的纸尾被吹得太高使压脚不能准确的压住第二张纸；防止双张或多张。

（6）压块   压住纸张的后边角，防止由于吹风造成的纸张漂浮；阻止纸张间的空气外流，有利于压差的形成。

（7）侧吹嘴   吹松纸张上压脚吹不到的地方。

（8）静电消除器   利用高压放电消除纸堆表面的静电，防止双张或多张。

1.5.2　纸张分离各机构协调运动过程

对于一般中等速度的单张纸印刷机，纸张的分离过程均由分纸器轴上的凸轮机构分别控制，各动作的相互配合关系如图2-6所示。

（1）松纸吹嘴首先将给纸堆上层的数十张纸吹松，以利于纸张的分离，如图2-6（a）所示。

（2）分纸吸嘴向下移动，吸住最上面一张纸，上抬并后翘，以防止吸住双张并有利于压纸吹嘴插入，如图2-6（a）、图2-6（b）所示。

（3）压纸吹嘴插入，压住下面的纸并打开吹气气路吹风，使上、下两张纸分开，同时探测纸堆高度，如图2-6（b）所示。

（4）送纸吸嘴向右运动，吸住纸张，此时，分纸吸嘴与送纸吸嘴同时控制纸张，进行纸张的交接，即由分纸吸嘴交给送纸吸嘴，如图2-6（b）、图2-6（c）所示。

（5）分纸吸嘴切断吸气气路放纸，完成纸张交接，并随即上升。此时，压纸吹嘴停止吹气离开纸堆。这时，送纸吸嘴向左运动将纸张输出，如图2-6（d）所示。

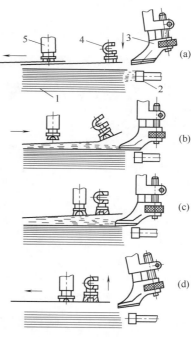

图2-6　给纸的分离过程
1—给纸堆　2—松纸吹嘴　3—压纸吹嘴　4—分纸吸嘴　5—送纸吸嘴

1.6　气路系统

气动式连续输纸机构是在气体配合的作用下完成自动分离纸张的，如图2-7所示。分离时纸张上下部存在一定的大气压力差，纸张就是在压差的作用下逐渐分离的，正常、顺畅的气路系统是纸张分离的必备条件。印刷机中气路系统由气泵、凸轮轴、配气阀、气量调节装置、气嘴等组成。

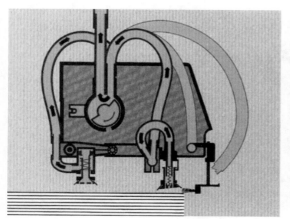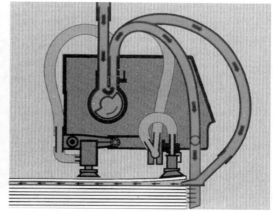

图2-7　纸张分离机构气路系统

实训操作模块

2.1 输纸机构 SHOTS 模拟操作

2.1.1 纸堆 SHOTS 模拟调节操作

步骤 1：在印刷大厅中点击"输纸装置"，进入到虚拟胶印机输纸机构部件，如图 2-8

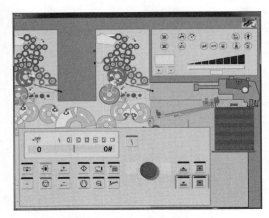

图 2-8 虚拟胶印机输纸机构

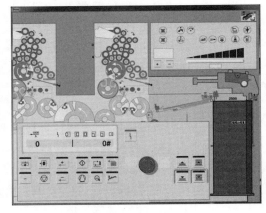

图 2-9 输纸台纸堆

所示，选中"输纸台纸堆"机构部件，如图 2-9 所示。

步骤 2：点击"输纸台纸堆"机构部件后，弹出对应的操作窗口，如图 2-10 所示。

步骤 3：纸张规格检测操作。首先，选中给纸堆。然后，在第一栏"Components"中选中"给纸堆"项，在第二栏"控制"中找到"纸张规格"项并双击，在"操作结果显示"栏中显示"纸张规格 = 大 1000×700"，如图 2-11 所示。

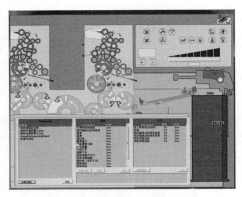

图 2-10 输纸台纸堆操作框

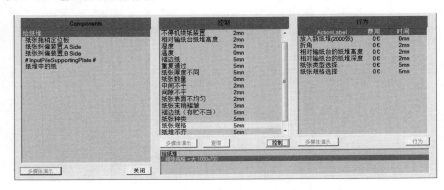

图 2-11 纸张规格检测操作

步骤 4：印刷用纸规格调整操作。比照印刷工单后，发现现印刷用纸与工单中纸张规格为"中 700×700"要求不符，需要更换纸堆。更换纸堆操作程序为：在右侧的"行为"栏中，双击"纸张规格选择"项，如图 2-12 所示，在左上角弹出的纸张规格窗口中选择"中 700×700"项后按"OK"键，完成换纸操作。将输纸台纸堆上升至工作位置操作（图 2-13），完成纸堆换纸操作。

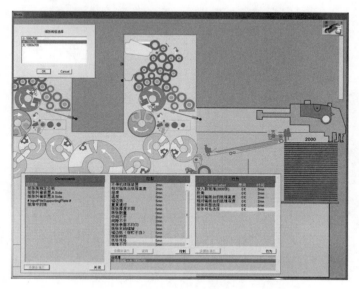

图 2-12　印刷用纸规格调整操作

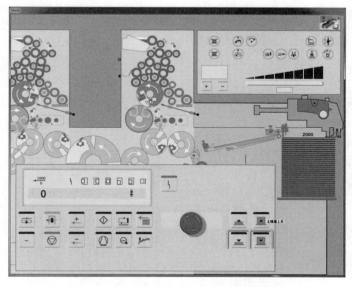

图 2-13　输纸台纸堆上升至工作位置操作

2.1.2　前叼纸牙 SHOTS 模拟操作

步骤 1：在印刷大厅中点击"输纸装置"，点击进入到虚拟胶印机给纸定位装置的

"前叼纸牙"部件，如图2-14所示。

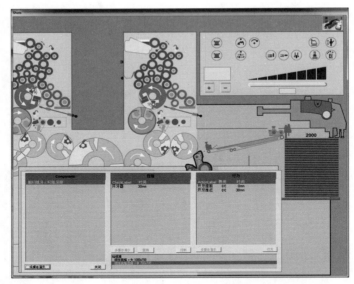

图2-14 点击"前叼纸牙"机构部件后弹出的操作窗口界面

步骤2：前叼纸牙的牙开器检查操作，如图2-15所示。在第一栏"Components"中选中"前叼纸牙"项，在第二栏"控制"中找到"牙开器"项，并点击"控制"钮。此时在"操作结果显示"栏中显示"牙开器的数值是0.2mm"，点击"查询"钮在左上角弹出窗口显示"牙开器的数值是0.2mm"，说明该数值的设置是正确的。

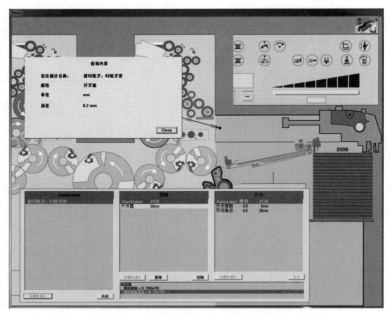

图2-15 前叼纸牙牙开器检查操作

注意：如果检查后的数值与此数值不符，则应通过选中"行为栏"中的"开牙提前"或"开牙推迟"项，通过点击操作"行为"钮，并观察"操作结果显示"栏的调整结果数值，最终将牙开器数值调整到 0.2mm 的正确值。此外，若"查询"弹出窗口显示的参考值是一个取值范围的，我们一般取最大值和最小值的平均值。

2.1.3　飞达头气路调节 SHOTS 模拟操作

　　"飞达头气路机件调节控制窗口"位于虚拟胶印机输纸装置飞达头的上方，如图 2-16 所示。注意：此部分的数值均需要记住，以方便在后期的学习中迅速找到对应的错误参数。"横向纸张停止"参数值 DS 为 506；"吸纸带的气流开口"参数值为 -0.10；"管道区域的气流开口"参数值为 -0.10；"分纸空气"参数值为 1；"传输空气"参数值为 1；"吸嘴空气"参数值为 0；"吸嘴倾斜"参数值为 1.25；"纸长度的吸头定位"参数值为 10.00mm；"纸张到达控制"参数值为 -15；"吸头高度"参数值为 0。如果检查出"吸嘴倾斜"不正确，可通过在面板上拖曳滑块进行调整直至其达到 1.25 的标准值为止。如果检查出"横向纸张停止"参数值 DS 不正确，则在面板上通过加减号进行调整直至其达到 506 的标准值为止，如图 2-17 所示。

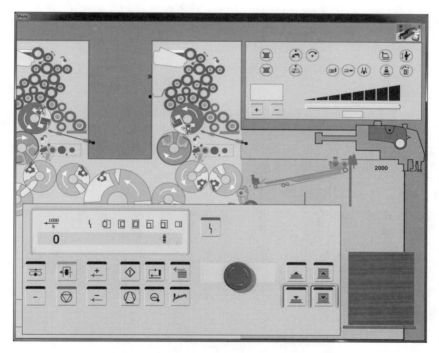

图 2-16　飞达头气路机件调节控制窗口位置

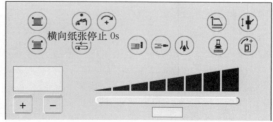

图 2-17　飞达头气路机件调节控制窗口操作

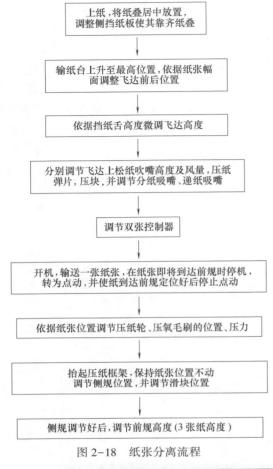

上纸，将纸叠居中放置，调整侧挡纸板使其靠齐纸叠

↓

输纸台上升至最高位置，依据纸张幅面调整飞达前后位置

↓

依据挡纸舌高度微调飞达高度

↓

分别调节飞达上松纸吹嘴高度及风量，压纸弹片，压块，并调节分纸吸嘴、递纸吸嘴

↓

调节双张控制器

↓

开机，输送一张纸张，在纸张即将到达前规时停机，转为点动，并使纸到达前规定位好后停止点动

↓

依据纸张位置调节压纸轮、压氧毛刷的位置、压力

↓

抬起压纸框架，保持纸张位置不动调节侧规位置，并调节滑块位置

↓

侧规调节好后，调节前规高度（3张纸高度）

图 2-18　纸张分离流程

2.2　中景 PZ1740E 输纸机构调节操作

中景 PZ1740E 输纸机构纸张分离操作流程如图 2-18 所示。

2.2.1　上纸操作

将纸张闯齐，居中放置于输纸台上，并保证上纸整齐，如图 2-19 所示。

调节侧挡板使其靠齐纸堆，调整时应使侧挡板距纸堆侧面 1~2mm；太近、太远都影响正常输纸，如图 2-20 所示。

侧挡板通过摇动印刷机靠身一侧的侧挡板调节手轮来调整，如图 2-21 所示。

2.2.2　飞达头的调节

（1）纸张分离头的整体调节

① 前后位置调节。根据纸张的幅面，松开纸张分离头的紧固手柄后推动分离头调整其前后位置使压脚压住纸张 5~8mm，然后锁紧手柄，如图 2-22 所示。

② 高度调节。首先通过高度微调手轮使分离头处于最低位置，开动机器，使

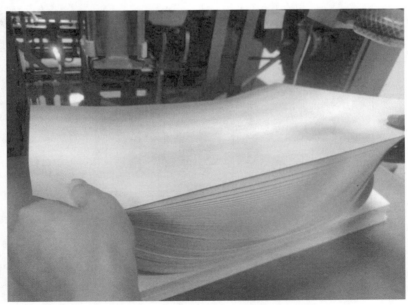

图 2-19　闯纸操作

图 2-20　纸堆的放置及侧挡板调整

飞达运转，此时纸堆会上升到最高位置，依据挡纸舌位置微调飞达高度使纸堆低于挡纸舌上缘 3~5mm，如图 2-23 所示。

（2）压脚调节

① 压脚的位置设定。在不装纸时，盘车使压脚处在最低位置，当用手提起约 2mm 时刚能触动微动开关即可，再固定调节螺丝。

② 压纸脚的调节。在不装纸时，盘车使压脚处在最低位置，当用手提起约 2mm 时刚能触动微动开关即可，再固定调节螺丝。调节时，使压脚压住纸张 5~8mm，如图 2-24 所示，其气量大小由气阀控制。

（3）松纸吹嘴的调节

① 高度。使其只能吹松纸堆上面 6~10 张纸，吹气量大小由气阀控制，如图 2-25 所示。

② 压纸钢片的调节。在后吹风未开的情况下，调节压纸簧片使其高于纸堆 3~5mm，伸入纸堆 3~5mm。

③ 压纸块的调节。压纸块应左右对称调节，位置大约在纸张的 1/8 处，前后离纸张拖梢边 1mm 左右。

图 2-21　输纸侧挡板调节手轮

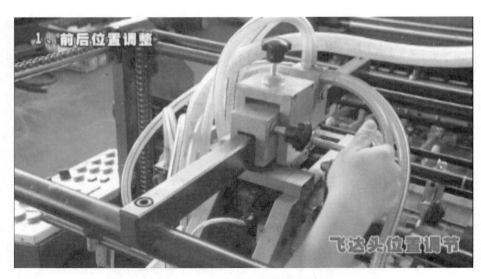

图 2-22   纸张分离头的前后调整

图 2-23   纸张分离头的高度微调

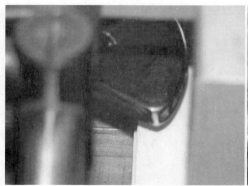

图 2-24   压纸脚位置及气量调节

图 2-25　松纸吹嘴调节

（4）分纸吸嘴的调节　分纸吸嘴处于最低位置时开始吸纸（靠凸轮控制），分纸吸嘴离纸堆的距离一般应根据纸张厚度而定：厚纸 2~3mm、薄纸 3~5mm。调节时分纸吸嘴的倾斜角度应根据纸张的厚薄和纸张的平整状况来调整，一般来说，薄纸可以倾斜一点，厚纸要平一点，以避免双张或空张故障出现。调节时，通过分离头右侧的分纸吸嘴角度调节旋钮来调整，如图 2-26 所示。

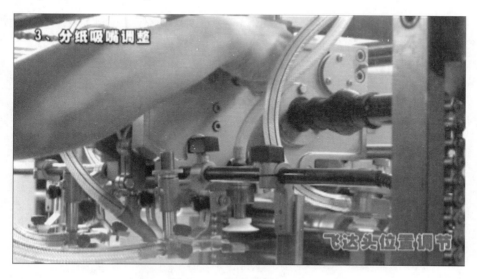

图 2-26　分纸吸嘴的调节

（5）递纸吸嘴的调节　递纸吸嘴吸力调节方法与分纸吸嘴基本相同。调节时，先手动让其吸住一张纸，再用手稍微用力使纸张不被拉动为准，一般距纸堆高为 3~5mm，过高易引起空张故障，过低易"擦"坏橡皮圈，造成走纸不畅，影响输纸效果。两吸嘴高低位置及前后倾斜角度可根据不同纸张来调节，一般应对称于机器中心；高低位置可以通过两侧的调整装置来调整，且应使左右两个高度一致，否则易导致歪张，如图 2-27（a）所示；递纸吸嘴朝外一侧吸嘴的倾斜角度可用飞达头上右侧的手柄来调节，使左右两个吸嘴倾斜角度一致，否则易出现歪张故障，如图 2-27（b）所示。一般吸嘴向纸张拖梢边倾斜朝外边走纸就比较慢，反之则快。

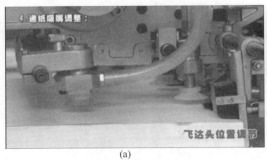 

（a）　　　　　　　　　　　　　　　　（b）

图 2-27　递纸吸嘴的调节

（6）挡纸舌的调节　一般情况下纸堆上面与挡纸舌顶端的距离为 4~6mm。调节前挡纸时，首先要使每只挡纸舌的位置保持一致，在同一平面内它的竖直方向与纸堆面成 90°夹角。通过分离头的升降调节来调整纸堆高度（压脚探测纸堆高度），进而调整挡纸舌相对于纸堆的高度。对薄纸，挡纸舌高出纸面 4~6mm；对厚纸，挡纸舌高出纸面 2~3mm。

2.2.3　纸张输送装置调节

① 接纸辊的调节。接纸辊是一个网纹辊，利用其自身的网纹来增加与其接触的布带、导纸轮间的摩擦力，从而达到顺利输纸的效果。导纸轮与接纸辊之间产生摩擦，将递纸吸嘴传过来的纸张接住并向前传递。调节时两边位置要对称、高低要一致、压力要相等。

② 导纸轮的调节。用内六角扳手扳动导纸轮上方的内六角螺丝，就可以改变导纸轮与接纸辊之间的（高度）压力，如图 2-28 所示。

图 2-28　导纸轮的调节

③ 输纸布带的调节。调节输纸板下方的一排旋钮就可以改变每根输纸布带的张紧力和自由移动输纸布带的轴向位置，如图 2-29 所示。

④ 双张控制器的调节。图 2-30 为双张控制调整示意图，机械式双张控制器主要由一对压轮、一个控制轮、一个微动开关及一个调节螺母组成。当出现双张或多张时，位于中间的一个压轮抬起转动并碰到

图 2-29　输纸布带的调节

上面的控制滚轮，两轮因摩擦转动而拨动微动开关，使之发出信号，实现自动检测双张、多张。

图 2-30　双张控制调节

调节时，主要依据输纸步距和纸张纵向长度进行计算，判断后进行调节。例如，常说的"三过四不过"即为允许三张纸通过，四张及四张以上就必须检测出双张、多张故障。

图 2-31　压纸轮、毛刷轮调节

调节时，调整双张控制器使允许三张纸能够通过，四张纸时就会带动微动开关。

⑤ 压纸轮、毛刷轮的调节。压纸轮、毛刷轮调节时要注意两大对称原则，即位置对称、力量对称。首先将一张待印的纸张放到前规处定位，然后调节毛刷轮和压纸轮的位置，压纸轮一般离开纸边 1mm 左右，毛刷轮压住纸边 1mm 左右，与纸张后边缘相切，若压纸过多或压力过大易引起走纸不畅，如图 2-31 所示。位置调好后，再调两轮的压力。

2.3 输纸机构开机操作流程

（1）每个学生领取 200 张对开胶版纸。

（2）观察并按下"下降"按钮将给纸台快速降至合适上纸的高度。

（3）将整理完毕的纸张整齐码放在给纸台并上排出空气。

（4）按下"上升"按钮将给纸台快速上升至合适高度。

（5）启动主机运转低速状态。

（6）主机全部正常后接通输纸部件，观察纸台的自动上升原理和过程。

（7）停止主机运转，断开离合器手动走纸试验，观察各机构的相互关系、位置尺寸、气量大小走纸 5 张。

（8）启动主机和输纸机运行观察纸张分离过程连续走纸 6~30 张，50~100 张。

（9）实训完毕后清理机器填写实训报告。

考核评价模块

3.1 理论测试

（1）填空题

① 输纸装置的主要作用是＿＿＿＿＿＿＿＿＿＿＿。

② 气动式输纸机按输纸方式可分为＿＿＿＿＿＿、＿＿＿＿＿＿。

③ 在输纸机构中，吸气主要部件有＿＿＿＿和＿＿＿＿。

④ 纸张的检测部件主要有＿＿＿＿＿＿和＿＿＿＿＿。

（2）判断题

（　）① 间歇式输纸比重叠式输纸的速度更快，定位更准，更适合高速胶印机使用。

（　）② 在相同条件下，间歇式输纸定位时间长，重叠式输纸装置定位时间短。

（　）③ 送纸压轮机构的作用是接过分离头输送分离出来的纸张，并且平稳而准确地输送到前规处定位。

（　）④ 印刷机的机械式双张控制器是通过检测印张厚度变化来防止双张或多张的。

（　）⑤ 单张纸胶印机的双张控制器也可用来检测空张等输纸故障。

（　）⑥ 输纸变速机构的作用是：当纸张离前规较远时加快速度，在靠近前规的一段距离内则慢速输送，这样纸张就以较缓慢的速度靠近并与前规接触，增加定位的稳定性，保证印刷质量。

（　）⑦ 光电式双张检测控制机构是通过纸张厚度变化使光电元件接受的光强度不同而控制电路工作来检测双张。

（　）⑧ 单张纸电眼可以检测纸张晚到、歪斜、破损和空张。

（3）选择题（含单选和多选）

① 自动输纸机构类型有＿＿＿＿＿＿。

A. 摩擦式输纸　　　　B. 气动式输纸　　　　C. 滚动式输纸　　　　D. 跳跃式输纸

② 纸张双张检测装置可检测_____。

A. 空张　　　　　　　B. 晚到　　　　　　C. 双张

D. 乱张　　　　　　　E. 多张

③ 下列机构工作过程中做垂直运动的是_____。

A. 分纸吸嘴　　　　　B. 压纸吹嘴　　　　C. 递纸吸嘴　　　　D. 固定吹嘴

④ 关于固定吹嘴，下列说法正确的是_____。

A. 固定吹嘴是吹气量固定，但本身是运动的

B. 固定吹嘴的作用是将纸堆上面 5~10 张纸吹松

C. 分别装于压纸吹嘴的两侧，距纸堆后缘 6~10mm

D. 固定吹嘴完全可以不要

E. 固定吹嘴风量大小可以调节

⑤ 关于挡纸毛刷下列说法正确的是_____。

A. 一般分为平毛刷和斜毛刷

B. 平毛刷用于控制向上松纸的程度，并可刷去分纸吸嘴吸起双张或多张

C. 斜毛刷用于使吹松的纸张保持一定的高度，不再与下面的纸张贴合

D. 它们均装于压纸脚两侧，离纸堆高度 3~5mm，伸入纸垛 3~5mm

E. 它们完全可以不要

⑥ 压纸轮式输送台机构中，压纸轮调节时应保证_____。

A. 在线带中间　　　　B. 在线带两旁　　　C. 对称布置

D. 轮子方向稍稍向内　E. 轮子方向稍稍向外

⑦ 压纸吹嘴机构的作用是_____。

A. 压住纸堆，以免递纸吸嘴将下面的纸张带走

B. 进行吹风，进一步分离纸张

C. 吹松纸张，以使分纸吸嘴吸住最上面的纸张

D. 探测纸堆高度，以便输纸台自动上升

E. 搓动纸张，使纸张分离

⑧ 关于印刷机所使用的气泵，下列说法正确的是_____。

A. 是离心式真空压力复合泵　　　　　B. 只能同时产生吸气

C. 有曲面叶片和直叶片两种形式　　　D. 吸气口通往各种吸气装置

E. 吹气口通往各种吹气装置

⑨ 关于齐纸机构，下列说法正确的是_____。

A. 齐纸机构又称前齐纸板机构或称挡纸块

B. 它的作用是保持纸堆前缘整齐

C. 当递纸吸嘴吸纸准备送纸时，齐纸板应已倾斜，以便递纸吸嘴送纸

D. 调节纸堆高度时，一般使纸堆顶面距齐纸板顶端 4~6mm 为宜

⑩ 北人 J2108 单张纸胶印机的双张控制器的类型是_____。

A. 液压式　　　　　　B. 机械式　　　　　C. 光电式　　　　　D. 电容式

（4）简答题

简述飞达工作原理及主要故障分析。

3.2　实操考评

技能操作考评记录表见表2-1。

表2-1　　　　　　　　　　　　　　**技能操作考评记录表**

考评内容	分值	评分标准	扣分	得分
上纸操作	20	理纸操作(10分)		
		闯纸操作(10分)		
输纸装置的调节	50	分纸吸嘴调节(20分)		
		递纸吸嘴调节(20分)		
		风量调节(10分)		
		接纸辊、导纸轮调节(10分)		
		压纸轮,毛刷轮调节(10分)		
双张控制器调节	20	双张控制器调节(20分)		
输纸机构开机操作	10	开机操作(10分)		
合计得分				
实训效果评价等级				
实训指导教师意见				

项目三 定位机构和递纸机构调节

项目导入

印刷过程中必须保证每次印刷时图文转移在纸张的位置是固定的，为四色套印打好必要的基础。但输纸过程中由于纸张和印刷速度的影响，纸张在印刷之前位置往往有所不同，因此印刷机应该设置专门的纸张定位装置。本项目对单张纸胶印机定位装置和递纸装置进行详细介绍，要求在了解定位装置和递纸装置的结构类型的基础上，熟练掌握典型结构的类型、工作原理和调节方法，并熟悉该机构常见故障的分析与排除方法。

知识目标

① 熟悉定位装置的分类
② 熟悉前规作用及工作原理
③ 熟悉侧规作用及工作原理
④ 熟悉递纸机构作用及工作原理
⑤ 熟悉纸张检测装置作用及工作原理

技能目标

① 掌握纸张定位调节 SHOTS 模拟操作
② 掌握中景 PZ1740 胶印机定位机构调节操作
③ 掌握定位机构调节及开机流程

考核评价

① 理论测试
② 实操考评

知识技能树

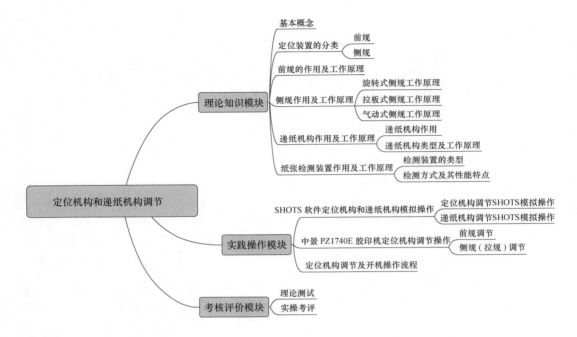

理论知识模块

1.1 基本概念

（1）规矩 印刷机上经常提到的"规矩"是"前规"和"侧规"两个机械部件的总称。

（2）前规 前规是安装在输纸板最前端（沿着纸张输送方向）的一个机械部件，它可以对纸张进行纵向定位，确保纸张的周向位置。

（3）侧规 侧规是安装在输纸板前端（沿着纸张输送方向）两侧的一个机械部件，它可以对纸张进行横向定位，确保纸张的轴向位置。印刷机上一般有两个侧规，工作过程中只使用其中一个，设计两个侧规可以保证正反面印刷时定位基准一致，确保套印精度。

（4）推规 安装在印刷机传动面一侧的侧规定义为"推规"，一般反面印刷时用"推规"。有些印刷机上的侧规采用推动纸张的方式来使纸张定位，我们也称为推规。

（5）拉规 安装在印刷机操作面一侧的侧规定义为"拉规"，一般正面印刷时用"拉规"。

1.2 定位装置的分类

如图 3-1 所示为纸张的定位原理示意图，在纸张前进方向与垂直于纸张前进方向两个方向进行定位。垂直于纸张前进方向也称左右方向或来去方向。

在纸张前进（前后）方向定位的装置叫前规矩（简称前规）。前规至少有两个，有的机器使用四个或更多。在垂直于纸张前进方向定位的装置称侧规矩（简称侧规）。前规、侧规如图 3-2 所示。

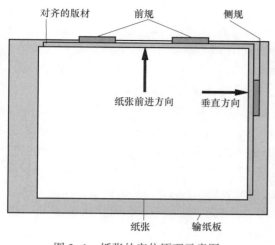

图 3-1　纸张的定位原理示意图

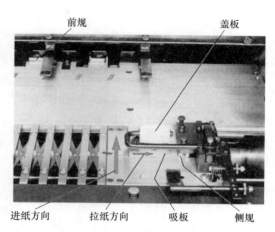

图 3-2　单张纸胶印机的前规和侧规

侧规有两个，一般印刷正面时，用操作面（机器操作台的那一面）侧规，印刷反面时，用传动面（主要传动齿轮所在的那一面）侧规。

1.3　前规的作用及工作原理

1.3.1　前规主要作用

① 纵向定位。

② 弥补纸张的裁切误差。

③ 改变咬口大小（改变图文在纸张上的周向位置）。

1.3.2　前规工作原理

前规工作原理，以组合上摆式前规的工作原理为例，如图 3-3 所示。

凸轮 1 安装在印刷机递纸牙轴上，它随印刷机连续转动，凸轮 1 转动时，推动滚子使摆杆 2 往复摆动，通过滑座 5 使连杆 7 上下运动，摆杆 9 和 22 是固连在一起的，并活套在前规轴 18 上面，摆杆 9 下端有一滑套 10，该活套可在装有压簧 13 的连杆 23 上左右滑动。当凸轮高点与滚子接触时，摆杆 2 逆时针方向摆动，使连杆 7 上移，带动摆杆 22（9）逆时针绕前规轴 18 转动，通过连杆 23、摆杆 16 逆时针摆动。由于摆杆 16 用螺

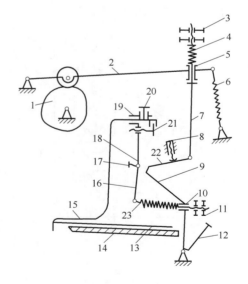

图 3-3　组合上摆式前规工作原理示意图

1—凸轮　2、9、16、22—摆杆　3、11—螺母　4—压缩弹簧　5—滑座　6—拉簧　7、23—连杆　8—靠山螺钉　10—滑套　12—互锁机构摆杆　13—压簧　14—牙板　15—前规定位板　17、21—螺钉　18—前规轴　19—支承套　20—紧固螺钉

钉 17 固定在前规轴 18 上，因而可以带动前规轴上的四个前规定位板 15 同时摆下，给纸张定位。

当凸轮由高点转为低点时，摆杆 2 下摆，通过连杆 7，摆杆 22（9），连杆 23 推动摆杆 16 顺时针方向绕前规轴转动，使前规定位板抬起让纸。

前规在定位时，摆杆 22 靠在靠山螺钉 8 上，以保证前规定位板每次准确的定位位置。此时，允许摆杆 2 在凸轮 1 作用下压缩弹簧 4，仍可向上移动一段距离。

调节螺母 11，使前规轴 18 相对摆杆 22（9）间产生相对角位移，调节整排前规的高低位置。松开螺钉 17，使前规绕轴 18 转动一个角度，可单独调节前规的高低位置，调完后拧紧螺母 17，松开紧固螺钉 20，调节螺钉 21，可以单独调节前规的前后位置，然后拧紧螺钉 20，大范围调整单个前规高低位置时，先松开紧固螺钉，用手扶着前规调节，调好后锁紧螺钉。前规在正确的定位位置，定位板 15 的底面与牙台 14 上平面的间隙为所印刷纸张厚度的三倍。前规轴上的四个前规，当印对开纸张时，用外侧的两个；印四开纸张时，使用中间两个。组合上摆式前规从工作性能上分析有以下几个工作特点：①前规位于输纸板的上方，安装及调节较为方便；②前规必须等到前面一张纸完全离开纸台才能返回，所以定位时间短；③前规位于输纸板的上方，须占用一定的空间。

1.4　侧规作用及工作原理

侧规主要作用是确定纸张与走纸方向垂直位置。

根据拉纸的形式不同，侧规主要有旋转式侧规、拉板式侧规和气动式侧规。

1.4.1　旋转式侧规工作原理

旋转式侧规工作原理如图 3-4 所示，在侧规传动轴 1 上用滑键连接装有端面圆柱凸轮 3 和圆柱齿轮 4，它们在轴上的位置由侧规座 17 控制，可随侧规整体移动并限定在相应的位置。圆柱齿轮 4 通过齿轮 9、锥齿轮 21、22 使拉纸滚轮 8 做连续匀速旋转运动。端面圆柱凸轮 3 驱动滚子 5 及其摆杆 23 相对支轴 O 做往复摆动，从而带动装在其摆杆上部的侧规压纸滚轮 7、规矩压纸板 25、定位块一起上下摆动。定位时，压纸滚子下摆将纸张紧压在连续旋转的拉纸滚轮 8 上，靠摩擦力将纸张向外侧拉至规矩定位板处定位。拉纸时滚子 5 正相对于端面凸轮的最低点，压纸滚 7 对纸张的压力是由压簧 24 产生的，为了保证获得压力，在拉纸过程中滚子 5 应与凸轮脱开。根据纸张定量不同，可调整拉纸球与拉纸轮之间压力的大小。

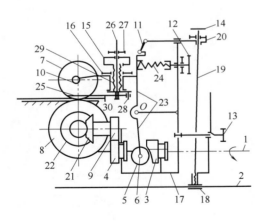

图 3-4　旋转式侧规工作示意图

1—侧规传动轴　2—侧规安装轴　3—凸轮　4、9—圆柱齿轮　5—滚子　6、10、11—偏心销轴　7—压纸轮　8—滚轮　12—调节螺丝　13—轴向微调螺丝　14—规固定螺钉　15—压纸板高低调节螺母　16、20、27—锁紧螺母　17—侧规座　18—滑套　19—顶杆　21、22—锥齿轮　23—摆杆架　24—压簧　25—压纸板　26—压纸舌板螺杆　28—插销　29—螺管　30—规矩板

1.4.2 拉板式侧规工作原理

　　如图 3-5 所示，拉板式侧规的拉纸球在端面凸轮的控制下绕 O 点上下摆动。由于拉纸条左右移动，当拉纸条向右运动时（如图示箭头方向），拉纸球正好向下摆动，靠拉纸球与拉纸条的接触摩擦力将纸张的侧边引向定位板，以完成纸张的侧面定位，而后，拉纸球抬起让纸。当需要调整拉纸球与拉纸条的接触压力时，可用调整螺钉进行调整。

1.4.3 气动式侧规工作原理

　　由于旋转式侧规，拉纸球必须直接与纸张的印刷面接触，这不仅会给纸张表面带来损伤，而且当印刷速度较高时，还会在定位瞬间使纸张产生反弹现象，影响定位精度。因此，曼·罗兰公司开发出气动式侧规，如图 3-6 所示。将吸气板与滑板连接在一起，在滑槽内可左右滑动，当吸气板与吸气气路接通后便吸住纸张，然后，滑板向右滑动，使纸张右侧边与定位板的定位面接触，完成纸张的横向定位。当纸张被递纸牙咬住后，吸气板切断吸气气路，滑板则向左滑动，准备吸取下一张纸。

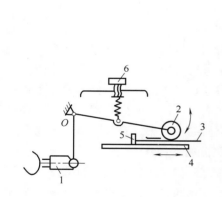

图 3-5　拉板式侧规的类型及工作原理
1—端面凸轮　2—拉纸球　3—纸张
4—拉纸条　5—定位板　6—调整螺钉

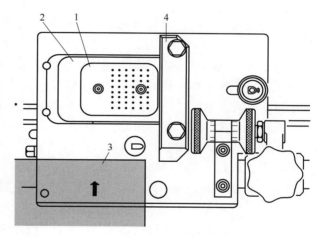

图 3-6　气动式侧规基本原理
1—吸气板　2—滑板　3—纸张　4—定位板

1.5 递纸机构作用及工作原理

1.5.1 递纸机构作用

　　纸张到达输纸板前经过前规和侧规定位后，静止地停在输纸板前，等待着递送给压印滚筒的咬纸牙；然后把静止的纸张加速到压印滚筒表面的旋转速度，由压印滚筒的咬纸牙排将纸张咬紧并带其旋转进行印刷，把这个过程称为纸张的加速过程，实现纸张加速的机构称为纸张加速机构，俗称递纸机构，如图 3-7 所示。递纸机构主要有以下几点要求：

　　① 在输纸板上由规矩部件定位好的纸张，在纸张加速机构的递送过程中，不允许破坏纸张定位精度，以保证套印的准确性。

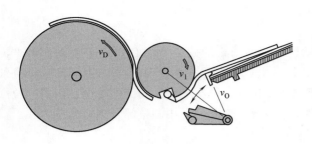

图 3-7 递纸机构示意图

② 纸张的加速机构在输纸板上取纸与压印滚筒交纸时应有一定的交接时间，保证纸张传递的可靠性。同时要求递送机构的运动应该平稳，以满足纸张运行的平稳性。

③ 加速机构应能保证印刷机的生产率，即不要受压印滚筒空档角的限制。

④ 运动轨迹平滑，惯性冲击最小，在运动轨迹内，不能与任何其他部件相互干涉。

⑤ 当出现输纸故障时，递纸牙在输纸板上不合牙。

1.5.2 递纸机构类型及工作原理

纸张进入压印滚筒主要有直接递纸、摆动式递纸、旋转式递纸、超越式递纸等几种形式。

（1）直接递纸　纸张在输纸板上直接由压印滚筒上的咬纸牙排叼走的方式称为直接递纸。

在如图 3-8 所示的直接递纸方式中，压印滚筒一般安置在输纸板下方，故前规一般用上摆式。由于不允许在传纸过程中前规碰压印滚筒表面，故只有压印滚筒空档开始出现于输纸板前端时，前规才能摆至定位位置，对纸张开始进行定位。当压印滚筒牙排咬住纸张时，前规必须充分地拾起。因此，前规的定位时间只有在对应滚筒的空档部分这个范围内。为了保证纸张的定位时间，滚筒的空档部分应足够大，因而在幅面一定时压印滚筒直径必须增大，从而导致印刷机结构增大，并降低了印刷机的生产率，并且叼纸牙的闭合是靠"撞门"来实现的，所以冲击较大，容易破坏纸张定位的平稳性。

（2）摆动式递纸　由递纸牙在静止的短暂时间内叼住静止在输纸板上的纸张，然后逐渐使纸张加速，当纸张的速度达到与压印滚筒表面速度相同时，再交给压印滚筒咬纸牙排即在静止的状态下进行交接如图 3-9 所示。

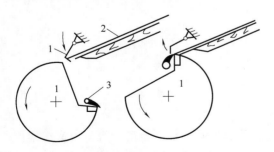

图 3-8 直接递纸机构
1—前规　2—纸张　3—叼纸牙

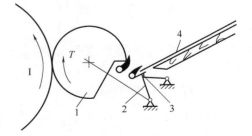

图 3-9 间接递纸机构
1—递纸滚筒　2—递纸牙　3—前规　4—纸张

① 定心摆动式。根据递纸机构相对于输纸板的位置不同，在输纸板上面递纸给压印滚筒的称为上摆式递纸，如图 3-10 所示。在输纸板下面递纸给压印滚筒的称为下摆式递

纸，如图 3-11 所示。上摆式递纸牙必须等到前面一张纸完全离开输纸板后才能返回取纸，而下摆式递纸牙在纸尾尚未离开输纸板时就能返回，所以定位时间长、定位效果好。

图 3-10　定心上摆动式递纸牙

图 3-11　定心下摆式递纸牙

② 偏心摆动式。定心摆动式递纸牙递纸与返回的运动轨迹都是同一圆弧，这样递纸牙在返回过程中就有可能碰到压印滚筒的表面，限制了印刷机的递纸速度，现代高速印刷机为了提高输纸速度，保证纸张定位效果，一般都采用偏心摆动式递纸牙，这样递纸牙在返回取纸时就可以提升一定的高度，运动轨迹为一个"雨滴状"，从而保证递纸牙及时返回，不会碰到压印滚筒的表面。

1.6　纸张检测装置作用及工作原理

纸张在输纸板前端必须保证有确定的位置，不能发生歪斜、折角、早到、超越和双张等故障，为此，特在输纸板前端设置必要的检测装置，这是保证套准精度实现正常印刷的重要条件之一。

1.6.1　检测装置的类型

按其作用不同，检测装置主要包括以下三种类型。

① 套准检测器。检测纸张在纵向（走纸方向）与横向（与走纸方向垂直）位置是否准确，特在前规与侧规的定位处设置套准检测器。

② 双张检测器。当双张纸重叠进入定位位置时，应立即发出停机信号。

③ 纸张超越检测器。纸张还未经前规进行定位直接送往印刷装置时，应由越超检测器发出停机信号。

1.6.2　检测方式及其性能特点

为达到上述检测目的，可采用不同的检测方式。

根据检测原理不同，检测方式主要有三种，即透射式、反射式和接触式。各种检测方式的检测原理如图 3-12 所示。

① 透射式

a. 检测原理：为光电检测装置，用感光元件来检测透过纸张的光量大小。

b. 优点：能检测纸张厚度。

c. 不足：受纸粉等异物的影响较大，对厚纸或深色纸的检测能力较差。

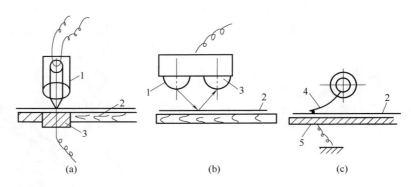

图 3-12　检测方式的原理与构成

（a）透射式　（b）反射式　（c）接触式

1—发光器　2—张纸　3—受光器　4—接触片　5—触点

d. 用途：这种检测装置可用于双张、空张、纸歪斜和纸超越等故障的检测，主要用于双张检测。

② 反射式

a. 检测原理：为光电检测装置，用反射光量的大小变化来进行检测。

b. 优点：光源与受光器为一体，结构紧凑，使用方便。

c. 不足：受异物的影响较大，不能检测纸张厚度。

d. 用途：可用于套准检测和空张、超越检测，主要用于空张检测。

③ 接触式

a. 检测原理：为机械式检测装置，通过电阻值的变化进行检测，一般将其称为电牙。

b. 优点：结构简单，过去广为使用。

c. 不足：接触片直接与纸张印刷面接触，容易沾油墨失灵，不能检测纸厚。

d. 用途：可用于前规与超越检测，目前很少采用。

实训操作模块

2.1　定位机构调节 SHOTS 模拟操作

任务引入

完成 SHOTS 练习题中题号为《Practice Workbook Unit-03A EX 03A-G》的故障分析排除任务。

任务分析

分析排除任务题目《Practice Workbook Unit-03A EX 03A-G》的主要思路是：

第一，在开启题目时，仔细阅读"练习者信息"栏内容。

第二，在 SPS 栏中打开本次任务"工作单"并仔细阅读，明确本次任务中需要排除的故障层级数为 1/1。

第三，开机前一定要参照"标准操作流程"进行检测排查纠正相关设置状态，尽可能避免因印刷环境、印刷材料、印刷机开机前预设置状态的不当引起的故障，保障开机运行的安全。

第四，依据本次取样结果，再参考故障"诊断"栏内容，得出故障可能是由纸张定位装置问题造成的。

任务实施

分析排除任务题目《Practice Workbook Unit-03A EX 03A-G》的主要步骤如下。

步骤1：取样张。首先，打开软件，选择好题目后开启题目。前期的操作请参照标准流程。开机后，点击取样，取样结果显示不走纸。返回操作台，关机。

步骤2：检查给纸堆。如图3-13所示的纸张歪斜"#"标志提示，说明纸张发生了歪斜。

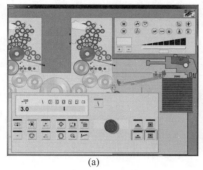 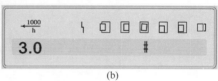

(a)　　　　　　　　　　　　　　　　(b)

图3-13　纸张歪斜"#"标志提示

（a）整体图　（b）局部放大图

步骤3：在给纸堆的诊断中，发现纸张纠偏装置设置不正确，如图3-14所示。

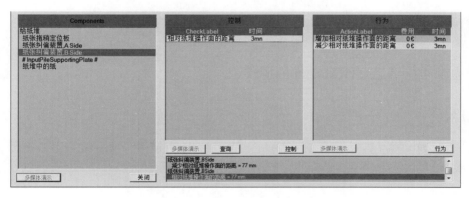

图3-14　给纸堆的诊断提示

步骤4：点击查询，查询参考值。可以看到，误差范围为0~2mm，因此选其平均值1mm，如图3-15所示。

步骤5：在行为栏中，选择减少相对纸堆操作面的距离，将错误值调整至正确值，如图3-16所示。

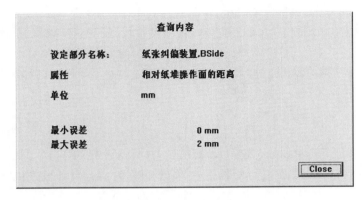

图 3-15   查询参考值提示

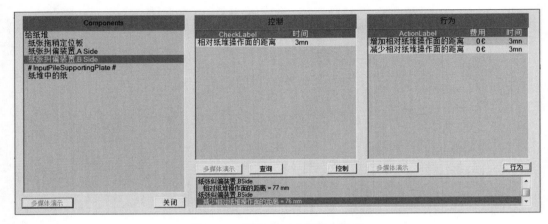

图 3-16   调整至正确值操作提示

步骤 6：双击生产按钮，重新开启印刷机。

步骤 7：重新取样，发现已经可以正常走纸取样，且样张正常。

步骤 8：点击净计数器开关。系统提示练习完成。点击"是"，完成练习。

2.2   递纸机构调节 SHOTS 模拟操作

任务引入

完成 SHOTS 练习题中题号为《Practice Workbook Unit-01A EX 01A-D》的故障分析排除任务。

任务分析

分析排除任务题目《Practice Workbook Unit-01A EX 01A-D》的主要思路是：

第一，在开启题目时，仔细阅读"练习者信息"栏内容。

第二，在 SPS 栏中打开本次任务"工作单"并仔细阅读，明确本次任务中需要排除的故障层级数为 1/1。

第三，开机前一定要参照"标准操作流程"（详见本书单元一中项目一"相关知识"栏）进行检测排查纠正相关设置状态，尽可能避免因印刷环境、印刷材料、印刷机开机前预设置状态的不当引起的故障，保障开机运行的安全。

第四，依据本次取样结果，再参考故障"诊断"栏内容，得出故障可能是由叼纸牙问题造成的。

任务实施

分析排除任务题目《Practice Workbook Unit-01A EX 01A-D》的主要步骤如下：

步骤 1：取样张。首先，打开软件，选择好题目后开启题目。前期的操作请参照标准流程。开机后，点击取样，取样发现印刷样张上有褶皱，如图 3-17 所示。返回操作台，关机。从取出的样张上可以看到，样张上有树枝状褶皱。这类褶皱是由于叼纸牙问题导致的。使用放大镜工具可以检查出是哪个色组的叼纸牙问题。将放大镜工具放置在有褶皱的部位，可以看出哪个颜色的网点在与标准印张对比时有套印不准的现象。此时就可以断定是该色组的叼纸牙出现了问题。如果检查没有套印不准问题，则可以断定是前叼纸牙出现了问题。此题目印张经检查发现是前叼纸牙问题。

图 3-17　印刷取样结果

步骤 2：检查叼纸牙。返回印刷大厅，从前叼纸牙开始逐个单元打开排查开牙器设置参数值。发现问题出在前叼纸牙，如图 3-18 所示，并点击查询对照标准参考值找错，如图 3-19 所示。

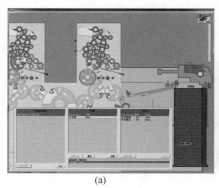
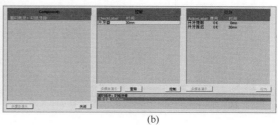

（a）　　　　　　　　　　　　　　　　　（b）

图 3-18　叼纸牙检查操作

（a）整体图　（b）局部放大图

步骤 3：叼纸牙参数调整。从图 3-2-6 中显示叼纸牙参数值是 0.4mm。点击查询，从图 3-19 中显示发现参考值是 0.2mm。因此，点击行为栏中开牙推迟，将开牙推迟调至

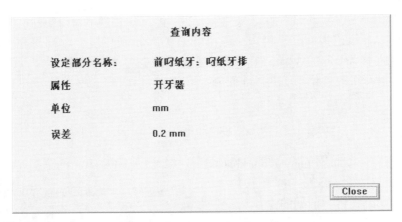

图 3-19 叼纸牙参数查询内容

0.2mm，如图 3-20 所示。

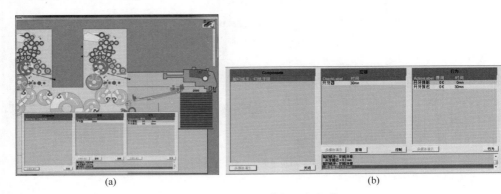

图 3-20 叼纸牙参数调整操作

（a）整体图 （b）局部放大图

步骤 4：双击生产按钮，重新开启印刷机。

步骤 5：重新取样，发现印刷样张质量合格。

步骤 6：点击净计数器开关。系统提示练习完成。点击"是"，完成练习。

任务评价

使用 Trace Editor 或 ASA 模块查看本次排障操作结果。理想的排障操作结果是：操作总成本应该控制在 2600 欧元以内。

技能训练

技能训练操作记录见表 3-1。

表 3-1 技能训练操作记录表

序号	练习题题号	参考成本/欧元	练习者成本费用/欧元
1	Practice Workbook Unit-04A EX 04A-A	2600	
2	Practice Workbook Unit-04A EX 04A-C	950	

续表

序号	练习题题号	参考成本/欧元	练习者成本费用/欧元
3	Practice Workbook Unit-04A EX 04A-D	1200	
4	Practice Workbook Unit-04A EX 04A-E	1200	
5	Practice Workbook Unit-04A EX 04A-F	1400	

注：本任务对应相关练习题为 7 个，此处只列出具有代表性的 5 题。

2.3 中景 PZ1740E 胶印机定位机构调节操作

2.3.1 前规调节

前规可通过左右两边带刻度的手轮进行前后（多叼、少叼）位置的调整，调节范围是±1mm，如图 3-21 所示。前规压纸舌的高度可通过操作面带有刻度的手柄进行调节（0.3mm 左右），一般调整 3 张纸的高度，如图 3-22 所示。

图 3-21　前规的前后位置调节

图 3-22　前规的高度调节

2.3.2　侧规（拉规）调节

（1）侧规的选用　印刷机一般有两个侧规以满足纸张正反面印刷的需要，选用侧规时首先应根据印刷产品的需要决定选用哪一个侧规，然后再对其进行调节并锁紧不使用的侧规。

（2）侧规的调节　侧规位置调整，根据纸张幅面进行位置调整，松开锁紧螺丝推（拉）侧规使侧规距离纸边 3～5mm。侧规拉纸距离调整是利用操作边侧规轴端滚齿挡圈进行的，每调节 1 齿约 0.03mm，总量为 ±2.5mm，侧规拉纸距离为 3～5mm，如图 3-23 所示。根据纸张的厚薄，更换侧规（拉规）压簧，调节压簧的拉力，如图 3-24 所示。压力以刚好能把纸拉到侧规挡板，又不至于使纸张拱起为限。

图 3-23　侧规（拉规）的位置调节

图 3-24　侧规（拉规）的拉纸力调节

2.4　定位机构调节及开机操作流程

（1）每个学生领取两种四开试验用纸。

（2）将纸张整齐平展。

（3）将整理完毕的纸张齐放在给纸台上。

（4）观察并调试分离及输送装置是否正常，调节双张检测器到正常状态。

（5）点动机器到指定位置，调试前规。

（6）点动走纸试验使两种张纸到达侧规观察其工作过程（5 张），先薄纸后厚纸注意观察纸张厚度变化时侧规工作状态，调节压纸球压力、挡纸舌高度。

（7）启动主机，主机全部正常后接通输纸部件。

（8）低速运行 3000r/h，操纵水、墨部件达工作状态，观察印版表面水、墨平衡状态，正常后连续印刷 80~100g/m² 纸 45 张。

（9）从收纸台上取出纸张检查侧规套印线误差做好记录。

（10）实训完毕后清理机器填写实训报告。

考核评价模块

3.1　理论测试

（1）填空题

① 前规的作用是＿＿＿＿＿＿＿＿＿＿＿＿＿＿＿＿＿＿。

② 侧规的作用是＿＿＿＿＿＿＿＿＿＿＿＿＿＿＿＿＿＿。

③ 侧规主要类型有＿＿＿＿＿＿、＿＿＿＿＿＿、＿＿＿＿＿＿。

（2）判断题

（　　）① 单张纸胶印机一般有两个前规，根据实际使用需求可以同时使用。

（　　）② 组合式前规由于定位块和挡纸舌为一体。

（　　）③ 间接传纸是指递纸牙在静止的短暂时间内咬住静止在输纸板上的纸张，然后逐渐使纸张加速，当达到压印滚筒表面线速度时，再把纸张交给压印滚筒咬纸牙排；即纸张经过递纸机构传给压印滚筒的过程称为间接递纸。

（　　）④ 上摆式前规比下摆式前规结构更加复杂，定位更精确。

（　　）⑤ 为使纸张在前规处定位准确，前规数量越多越好。

（　　）⑥ 组合下摆式前规可以延长纸张的定位时间。

（　　）⑦ 气动拉规不受前一张纸输送速度的影响，可适当提前拉纸。

（3）选择题（有单选、多选）

① 关于前规，下列说法正确的是＿＿＿＿＿＿。

A. 按结构形式可分为组合式前规和分离式前规

B. 按相对于递纸台的位置可分为上摆式前规和下摆式前规

C. 前规有组合上摆式前规和组合下摆式前规

D. 前规有分离上摆式前规和分离下摆式前规

② 关于侧规，下列说法正确的是＿＿＿＿＿＿。

A. 侧规是给纸张轴向方向进行定位的

B. 侧规有推规和拉规两种

C. 拉规一般用于速度较低、幅面较小、纸张较厚的印刷机上；推规不受速度、纸幅、纸厚的限制

D. 侧规拉纸时间不能调节

③ 关于递纸装置，下列说法正确的是＿＿＿＿＿＿。

A. 纸张递送的方式有三种，即直接传纸、间接递纸和超越续纸

B. 递纸咬牙与压印滚筒咬牙交接纸张时，必须要有交接时间（共同咬纸时间）

C. 递纸咬牙于绝对静止中在输纸板处咬纸，在相对静止中与压印滚筒交接

D. 下摆式递纸装置于绝对静止中在输纸板处咬纸，也在绝对静止中与压印滚筒交接

④ 侧规定位块应该调整得＿＿＿＿＿＿。

A. 平行于纸的运动方向　　　　B. 垂直于滚筒母线

C. 平行于滚筒的母线　　　　　D. 垂直于纸的运动方向

⑤ 侧规中压纸轮的压力大小决定_____。

A. 纸张的运动速度　　　　　　B. 拉纸力的大小

C. 纸张的拉纸距离　　　　　　D. 纸张幅面大小

⑥ 侧规拉纸不到位的原因是_____。

A. 侧规定位块歪斜　　　　　　B. 挡纸舌调整得太高

C. 压纸轮的压力太小　　　　　D. 压纸轮的压力太大

⑦ 前规调整操作主要包括_____。

A. 咬纸量的调节　　　　　　　B. 定位板的高低位置

C. 挡纸舌的前后位置　　　　　D. 挡纸舌的高低位置

⑧ 印刷机中的超越续纸，定位机构安装哪个机构上_____。

A. 在输送台上　　　　　　　　B. 在递纸机构上

C. 在侧规上　　　　　　　　　D. 在压印滚筒上

⑨ 侧规调整操作主要包括_____。

A. 侧规的工作位置　　　　　　B. 侧规的拉纸力

C. 侧规的拉纸距离　　　　　　D. 侧规的拉纸时间

（4）简答题

试说明下摆式递纸装置机构的工作原理。

3.2　实操考评

技能操作记录表见表 3-2。

表 3-2　　　　　　　　　　　　　技能操作考评记录表

考评内容	分值	评分标准	扣分	得分
前规调节	30	前规前后位置调节（10分）		
		前规高低位置调节（10分）		
		前规左右位置调节（10分）		
侧规调节	35	侧规位置调节（10分）		
		侧规拉纸距离调节（10分）		
		侧规拉纸力调节（10分）		
		侧规拉纸压簧更换操作（5分）		
开机操作	35	开机过程中调节（15分）		
		开机操作（5分）		
		故障分析（15分）		
合计得分				
实训效果评价等级				
实训指导教师意见				

项目四　输墨装置和润湿装置调节

项目导入

　　水墨平衡是构成平版印刷的基础。在胶印过程中，水墨平衡是否恰到好处，与印迹的正常转移、墨色深浅、套印的准确性以及印刷品油墨的干燥状态有着十分密切的关系。能否正确掌握和控制水墨平衡，是确保印刷品质量稳定的关键。输墨装置和润湿装置作用，就是为了给印版上水、上墨；同时墨膜、水膜薄而均匀，且墨量、水量可控。润湿装置中，由于润湿液容易均匀，且不需要版面局部水量调节，所以润湿装置相对简易，结构组成与输墨装置类似。

知识目标

　　① 熟悉输墨装置的组成及作用
　　② 熟悉墨斗种类及墨量调节
　　③ 熟悉着墨机构工作原理
　　④ 熟悉输墨装置性能指标
　　⑤ 熟悉润湿装置作用及分类
　　⑥ 熟悉着水机构工作原理

技能目标

　　① 掌握 SHOTS 模拟软件中输墨装置模拟操作
　　② 掌握 SHOTS 模拟软件中润湿装置模拟操作
　　③ 掌握润版液和油墨调配操作
　　④ 掌握着墨辊、着水辊压力调节操作
　　⑤ 掌握墨量、水量调节操作
　　⑥ 掌握墨量水量调节开机操作

考核评价

　　① 理论测试
　　② 实操考评

知识技能树

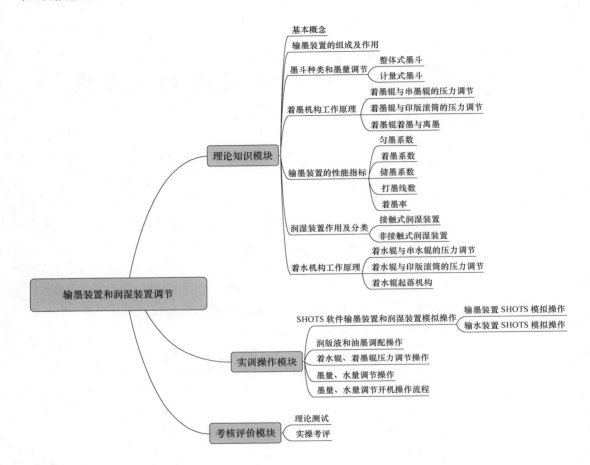

理论知识模块

1.1　基本概念

（1）水墨平衡　利用油水不相容、印版并具有选择性吸附的两大规律使油墨和水在印版上保持相互平衡来实现网点转移，并以此达到印刷品图像清晰、色彩饱满的效果。

（2）乳化　一种液体以极微小液滴均匀地分散在互不相溶的另一种液体中的作用。

（3）匀墨辊　传递和碾匀油墨的辊。

（4）着墨率　一根墨辊向印版着墨量与所有墨辊向印版着墨量之和的比值。

（5）油墨转移率　转移到承印物表面的墨量与涂敷在印版上的墨量的比值。

（6）电导率　物质中电荷流动难易程度的参数。

1.2　输墨装置的组成及作用

平版印刷利用油水不相容原理，使印版空白部分上水而图文部分上墨，在同一版面上达到水墨平衡。印刷过程中，墨路长短对输墨性能有重要影响。长墨路系统，传墨辊至着墨辊之间墨辊上的墨层厚度差大，下墨较慢，会使过多的墨量积聚在上部的墨辊上。在印刷过程中，当输纸发生故障或其他原因需要滚筒离压时，着墨辊脱离印版空转，墨辊墨层厚度差减小而趋向均匀，着墨辊墨层厚度比正常印刷时增加，当再次合压印刷时，印版图文部分受墨过多，会造成糊版或墨色过深现象。短墨路系统，下墨速度加快，由于串墨辊不能及时将油墨串匀，必然使传递到图文上的墨色不匀，但下墨速度快，能减少因油墨滞留时间长而引起的不良现象。彩色印刷品对墨层均匀性要求高，墨路应适当长些；对文字、线条为主的书刊印刷，需要的油墨量较大，墨路可短些。

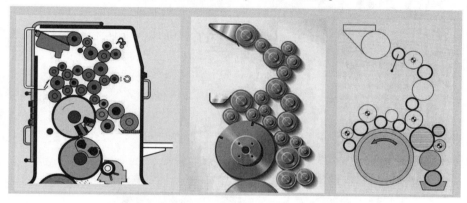

图 4-1　单张纸胶印输墨装置结构示意图

在印刷过程中，为了把油墨均匀、适量地传给印版表面，必须设置输墨装置。将墨斗辊输出的油墨周向和轴向两个方向迅速打匀，使传到印版上的油墨是全面均匀和适量的，如图 4-1 所示。为了达到此目的，供墨部分的供墨量、匀墨部分串墨辊的串墨量、着墨部分的着墨辊压力等都有调节机构讲行调节。而且由于印刷部件存在着合压与离压两种状态，着墨辊应有自动起落机构。单张纸胶印机的输墨装置一般由下面三部分组成。

（1）供墨部分，如图 4-2 第 I 部分所示。由墨斗、墨斗辊 4 和传墨辊 5 组成，其主要作用是储存油墨和将油墨传给匀墨部分。油墨置于墨斗刮刀和墨斗辊 4 组成的墨斗内，墨斗辊 4 在间歇转动中将油墨传给传墨辊 5，传墨辊 5 定时地来回摆动，将油墨从墨斗辊 4 传给匀墨部分中的第一根（上）串墨辊 1。

（2）匀墨部分，如图 4-2 第 II 部分所示。匀墨部分主要由串墨辊 1、2、3，匀墨辊 6、8 和重辊 7、9 三种辊组成。其主要作用是油墨在给印版涂布之前，将墨斗辊传出的油墨变成薄而均匀的墨层。串墨辊有转动和轴向往复串动两种运动方式，串墨辊与墨辊的对滚中，使油墨在墨辊圆周方向碾匀，而串墨辊的轴向串动是保证油墨在墨辊轴向分布的均匀性。匀墨辊的作用是周向碾匀油墨，重辊的作用是增加匀墨辊和串墨辊的压力。

（3）着墨部分，如图 4-2 的第 III 部分所示。着墨部分由一组着墨辊 10、11 组成。这组着墨辊从匀墨部分最后的串墨辊 3 接过均匀适量的油墨并

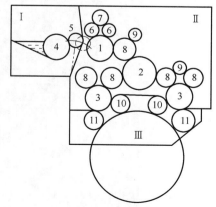

图 4-2　输墨装置组成

1、2、3—串墨辊　4—墨斗辊　5—传墨辊
6、8—匀墨辊　7、9—重辊　10、11—着墨辊

传给印版，起到向印版涂布油墨层的作用。

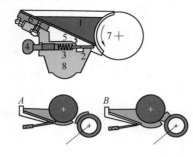

图 4-3　整体式墨斗

1—油墨　2—顶针　3—丝杆
4—调节螺钉　5—墨斗刀片
6—支撑侧板　7—墨斗辊　8—底座

1.3　墨斗种类和墨量调节

墨斗的作用主要是储存油墨和调节墨量，传统印刷机采用整体式墨斗，现代先进印刷机一般采用计量式墨斗。

（1）整体式墨斗　整体式墨斗一般由墨斗辊、墨斗刀片以及相关调节机构组成，如图 4-3 所示。在这种机构当中，墨斗刀片被做成一个整体，调过手动调节螺钉 4 改变墨斗辊与墨斗刀片的间隙来调节局部量。这种墨斗最大的优点是清洗液和油墨不会流进螺纹里，便于清洗墨刀下的油墨。但整体式墨斗调节墨量时相邻螺钉间会相互干扰，影响出墨和印品墨色的稳定。整体式墨斗当中墨斗辊的传动机构一般采用棘轮棘爪，实现墨斗辊的间歇转动，所以这种墨斗可以通过改变墨斗辊转角的方法来改变整体墨量的大小。

（2）计量式墨斗　计量式墨斗上的刀片不是一个整体，而是由若干个墨键组成如图 4-4（a）所示，每个墨键上面都安装有微型电机，如图 4-4（b）所示，通过微型电机就可以改变局部墨量的大小。

计量式墨斗上面的墨斗辊表面镀有陶瓷，如图 4-5 所示。由于陶瓷具

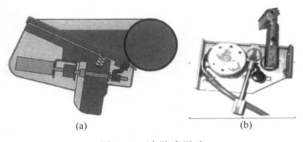

(a)　　　(b)

图 4-4　计量式墨斗

图 4-5　陶瓷墨斗辊

有很高的耐磨性，这样就可以防止墨刀把墨斗辊表面磨损。计量式墨斗调节墨量灵活、方便，准确性和精度都很高，是现代先进印刷机普遍采用的形式。计量式墨斗上面的墨斗辊的传动机构一般采用无级电机，实现墨斗辊的连续转动，因此可以通过改变电机转速的方法，实现整体墨量的改变。

1.4　着墨机构工作原理

着墨辊与下串墨辊之间必须要有适当压力，着墨辊和印版之间也必须有适当的接触压力，同时着墨辊还必须有着墨和离墨的功能。

1.4.1　着墨辊与串墨辊的压力调节

如图 4-6 所示，在着墨辊两轴头上装有偏心蜗轮 4，在摆杆 5 的座架上装有蜗杆 3，转动蜗杆 3 使偏心蜗轮 4 转动，实现着墨辊与串墨辊的压力调节。

1.4.2　着墨辊与印版滚筒的压力调节

如图 4-6 所示，松开锁紧螺母 8，顺时针转动调节螺杆 7，在压簧 6 的作用下，通过摆杆 5 增加着墨辊与印版滚筒的压力，压力调好后，锁紧螺母 8。调节时，必须首先调节着墨辊与串墨辊之间的压力，然后再调节它与印版之间的压力。

1.4.3　着墨辊着墨和离墨

在印刷过程中，当输纸出现故障或需要停止印刷时，着墨辊必须与印版脱开即离墨。当合压进行印刷时，着墨辊与印版滚筒要接触，即着墨。着墨辊的离墨与着墨是与滚筒离、合压相配合的。如图 4-6 所示，当需要离墨时，控制气缸 1 的通气阀门打开，气缸 1 的顶杆伸出，使摆杆 2 绕支点 A 逆时针摆动，顶动摆杆 5 的座架，从而使着墨辊脱离印版滚筒。反之，当需要着墨时，控制气缸 1 的通气阀门关闭，气缸 1 的顶杆缩进，使摆杆 2 绕支点 A 逆时针摆动，在压簧 6 的作用下，使着墨辊与印版滚筒接触，从而实现着墨。

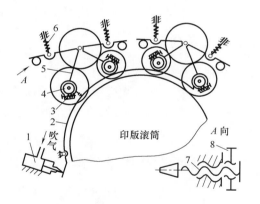

图 4-6　着墨辊压力调节和起落机构
1—气缸　2—起落墨杆　3—蜗杆　4—偏心蜗轮　5—摆杆　6—压簧
7—调节螺杆　8—锁紧螺母

1.5　输墨装置的性能指标

输墨装置的工作性能主要是用油墨层的均匀程度来衡量，而油墨层的均匀程度可以用以下几个指标来反映。

1.5.1　匀墨系数

匀墨部分墨辊面积之和与印版面积之比称为匀墨系数，以 K_y 表示。匀墨系数 K_y 反映了匀墨部分把从墨斗传来的较集中的油墨迅速打匀的能力。K_y 值越大，则匀墨性能越好。

但增大 K_y 值一般是通过增加墨辊数量来解决，综合起来，K_y 值为 3~6 为宜。

1.5.2　着墨系数

所有着墨辊面积之和与印版面积之比称为着墨系数，以 K_z 表示。着墨系数 K_z 反映了着墨辊传递给印版油墨的均匀程度。显然 K_z 值越大，着墨均匀程度越好，由实践经验可知应使 $K_z>1$。

1.5.3　储墨系数

匀墨部分和着墨部分墨辊面积的总和与印版面积之比称为储墨系数，以 K_c 表示。储墨系数 K_c 反映了输墨装置中墨辊表面的储墨量，并能自动调节墨层均匀程度的好坏。储墨系数 K_c 值越大，表示墨辊表面储墨量越大，因而印刷一张印品印版上所消耗的墨量与墨辊上储存的墨量之比越小，故自动调节墨量的性能也就越好，从而能保证一批印品墨色深浅一致。但 K_c 值不能过大，否则下墨太慢，开始印刷时墨色浅，停机后再印时印品墨色加深。

1.5.4　打墨线数

在匀墨部分进行油墨转移时，墨辊接触线数目称为打墨线数，以 N 表示。墨辊数量多，打墨线数 N 越大，表示墨辊上油墨层被分割的区域越多，油墨越易于打匀。

1.5.5　着墨率

某根着墨辊供给印版的墨量与全部着墨辊供给印版的总墨量之比称为该墨辊的着墨率，以 v 表示。由实践可知，着墨率采用"前多后少"的形式，前两根着墨斗的作用主要是储存油墨和调节墨量，传统印刷机采用整体式墨斗，现代先进印刷机一般采用计量式墨斗。

1.6　润湿装置作用及分类

平版印刷（胶印）工艺利用了油水不相容的原理，印刷时先给印版上水，使空白部分着水，再给印版上墨，使图文部分着墨。由于印版空白部分已有一层水膜，能排斥油墨的附着，因此，平版印刷机除了设置输墨装置外，还必须设有向印版供水的装置，称为润湿装置。在给印版输墨时，存在墨与水的接触，油墨混入一部分水并且乳化，形成 W/O 的乳状液，油墨混入水量的临界值为 16%~26%，超过此值，水墨平衡受到破坏，油墨的延伸性和黏度明显降低，墨辊之间油墨的传递受到影响。由此可见，在印刷过程中应保持尽可能小的水量。胶印用水，要求含杂质少，水质不能太硬，由实践得到，一般胶印用水为弱酸性，水的酸性成分和印版的金属氧化层相互作用形成稳定的水膜，水溶液（润版液）的酸碱度应取 pH 为 5~6 为宜。

对润湿装置的基本要求是在印刷过程中把水均匀地、适量地传给印版表面。为此，润湿装置要有水量调节机构，以便有效地控制印版的水量，保持水墨平衡。

目前，国内外胶印机所采用的润湿装置大体上分为两大类，即接触式润湿装置和非接触式润湿装置。所谓接触式润湿装置就是水斗中的润湿液经过水斗辊、传水辊等一系列辊子接触传递给印版进行润湿，它又分为间歇式、连续式和酒精式润湿装置三种类型，油墨可能会倒流到水槽中。而非接触式润湿装置中，水斗中的水，不是必须经过全部水辊直接接触方式才传递给印版进行润湿，油墨不能倒流到水槽中，如刷辊式和喷水式润湿装置。国内生产的平版单色印刷机大多采用接触式润湿装置中的间歇式润湿方式。国产及进口四色机大多数采用接触式润湿装置中的酒精式润湿装置。

1.6.1　接触式润湿装置

（1）间歇式润湿装置　所谓间歇式润湿装置就是指水斗辊（也称出水辊）可间歇转动或连续旋转（由直流电机驱动），传水辊往复摆动，断续地将润湿液传送给匀水部分的一种润湿方式，如图4-7所示。

间歇式润湿装置的组成：

① 供水部分。由水斗1、水斗辊2、传水辊3（包绒布）组成。其作用是将水按印刷的需要定量均匀地供给匀水部分。

② 匀水部分。指串水辊4（不包绒布），其作用是将水在周向和轴向打匀并输送给着水辊，匀水部分只用一根辊子，这是由于水具有毛细管作用，容易均匀分布在包有绒布的辊子上。

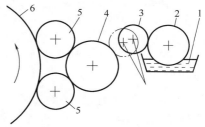

图4-7　间歇式润湿装置
1—水斗　2—水斗辊　3—传水辊　4—串水辊　5—着水辊　6—印版滚筒

③ 着水部分。由两根着水辊5（包绒布）组成，其作用是将水均匀地涂布于印版滚筒6的空白部分上。

对间歇式润湿装置的要求与输墨装置相类似，为了给印版均匀、适量地上水，供水部分的供水量、着水部分的着水辊5与串水辊4及印版滚筒6的压力都要能进行调节。同时，为适应滚筒的合压和离压，着水辊也有自动着水和离水机构。印刷过程中，水斗中溶液不断地消耗，为使水斗中的溶液保持一定的水位，一般还需要设置自动加水器。

（2）连续式润湿装置　连续式润湿装置就是把间歇运动的水斗辊改为连续旋转，再去掉往复摆动的传水辊，使润湿液连续地均匀地供给印版进行润湿。连续式润湿装置可由着水辊直接给印版润湿，也可以将润湿液传给第一根着墨辊，然后再由第一根着墨辊将润湿液传送给印版（水墨齐下，也称达格伦润湿装置），如图4-8所示。

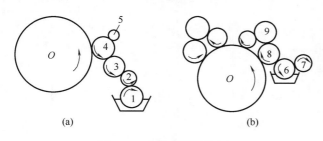

图4-8　连续式润湿装置
1—水斗辊　2、7—计量辊　3—串水辊　4—着水辊　5—重辊　6—水斗辊　8—着墨辊　9—串墨辊

1.6.2　非接触式润湿装置

（1）气流喷雾润湿装置

① 工作原理。如图4-9所示为德国海德堡公司的Speedmaster平版印刷机气流喷雾润

湿装置。水斗辊 1 由单独的直流调速电机驱动，并浸入水槽中旋转。多孔圆柱网筒 5 套有细网编织的外套并由水斗辊 1 利用摩擦带动旋转。压缩空气室 6（由风泵供气）的一侧沿轴向开有一排喷气口，将水斗辊 1 传给编织网筒 5 的水喷成雾状射到匀水辊 7 上，再由串水辊 8 经着水辊 9 向印版润湿。

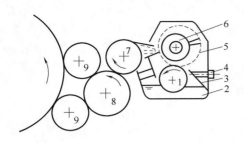

图 4-9　气流喷雾润湿装置

1—水斗辊（镀铬）　2—水斗　3—刮刀
4—调节螺钉　5—网筒　6—压缩空气室
7—匀水辊　8—串水辊　9—着水辊

② 水量大小的调节。如图 4-9 所示，由于喷射的角度可以调整，沿水斗辊 1 轴向的一排调节螺丝 4 用来调节橡皮刮刀 3 与水斗辊 1（表面镀铬）的间隙，从而可以调节沿水斗辊轴向各区段的给水量。该装置中另设水箱，由水泵不停地给水斗 2 循环供水。整体供水量可以通过调节水斗辊转速来控制。

③ 喷雾润湿装置的特点。喷雾润湿装置的供水部分和着水部分不直接接触，润湿液不会倒流，能保持水斗中润湿液的清洁干净。供水量可以通过调节水斗辊转速来控制。这种装置给印版着水的均匀度效果较好。此外，还有喷嘴润湿装置、空气刮刀润湿装置等。

（2）刷辊给水润湿装置

① 工作原理。如图 4-10 所示为日本三菱胶印机的一种润湿装置。水斗辊 1 做成毛刷式辊子，直接由电机带动旋转，将水斗中的水带起，由刮板 2 将水弹向串水辊 7，其水量大小由调节螺钉 3 调节遮水板（琴键式）4 的位置来决定，并经着水辊 8 传给印版。

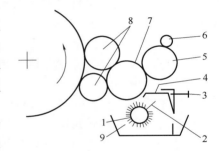

图 4-10　毛刷辊润湿装置

1—毛刷辊（水斗辊）　2—刮板　3—调节
螺钉　4—遮水板　5—匀水辊　6—重辊
7—串水辊　8—着水辊　9—墨斗

② 水量大小的调节。如图 4-10 所示，整体调节时调节水斗辊驱动电机的转速。局部调节时可调整遮水板的位置。因此，可以精确地控制上水量的大小。美国高斯公司的毛刷辊润湿装置。整体调节时变化水斗辊驱动电机的转速。局部调节时，与日本三菱胶印机不同的是可单独自由地调节刮板 2 与毛刷辊 1 的位置。这是由于刮板在轴上分段装配（琴键式），各段可单独调节，刮刀也可以通过电机遥控，实现自动调节供水量的大小。

1.7　着水机构工作原理

着水辊由于安装在印版滚筒和中水辊之间，为了保证良好的印刷压力，着水辊必须与印版滚筒和串水辊之间都有相应的调压机构。

1.7.1　着水辊与串水辊的压力调节

如图 4-11 所示，松开锁紧螺母 8，旋转固定在蜗杆上的手柄 9，带动蜗轮 6，使偏心轴承转动，着水辊中心 O_2 绕偏心轴承中转动，改变了着水辊中心与串水辊中心的距离，从而改变着水辊与串水辊的接触压力。

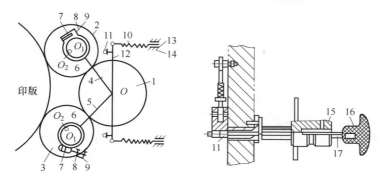

图 4-11　着水辊与串水辊、印版滚筒的压力调节机构

1—串水辊　2、3—着水辊　4、5、12—摆杆　6—蜗轮　7—蜗杆　8、15—锁紧螺母　9、17—螺杆
10—撑簧　11—锥头　13—拉杆　14—滑套　16—手轮

1.7.2　着水辊与印版滚筒的压力调节

如图 4-11 所示，转动手轮 16，带动螺杆 17，使锥头 11 前后移动，通过锥面高低作用，驱动摆杆绕串水辊中心转动，使着水辊靠近或远离印版滚筒，从而改变着水辊与印版滚筒之间的压力。

1.7.3　着水辊起落机构

着水辊起落机构，通常有机械式和气动式两种。机械式原理和结构较为简单，这里就不再阐述。气动式起落机构是现代先进印刷机普遍采用的一种形式，特别在大幅面印刷机中，它能使着水辊迅速与印版滚筒离合，同步性和稳定性都较好。着水辊气动式起落机构是通过气缸 1 来实现的，如图 4-12 所示。气缸工作时，由摆杆 2 控制短轴 3 在杠杆 7、8 之间转动，同时撑开杠杆 7、8 使其中间距离加大，从而使着水辊脱开印版；反之可使着水辊与印版接触供水。气缸的动作一般是由电磁阀控制的，通过操作按钮便可方便地起落着水辊。

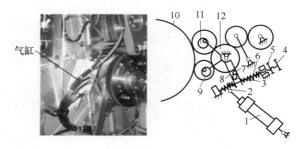

图 4-12　着水辊气动式起落机构
1—气缸　2—摆杆　3—短轴　4—螺杆　5—螺母
6—弹簧　7、8—杠杆　9、11—偏心套
10—印版滚筒　12—串水辊

实训操作模块

2.1　输墨装置 SHOTS 模拟操作

产任务引入

完成 SHOTS 练习题中题号为《Practice Workbook Unit-07A EX 07A-F》的故障分析排

除任务。

任务分析

分析排除任务题目《Practice Workbook Unit-07A EX 07A-F》的主要思路是：

第一，在开启题目时，仔细阅读"练习者信息"栏内容。

第二，在 SPS 栏中打开本次任务"工作单"并仔细阅读，明确本次任务中需要排除的故障层级数为 1/1。

第三，开机前一定要参照"标准操作流程"进行检测排查纠正相关设置状态，尽可能避免因印刷环境、印刷材料、印刷机开机前预设置状态的不当引起的故障，保障开机运行的安全。

第四，依据本次取样结果，再参考故障"诊断"栏内容，得出故障可能是由墨路系统问题造成的。

任务实施

分析排除任务题目《Practice Workbook Unit-07A EX 07A-F》的主要步骤如下。

步骤 1：取样张。首先，打开软件，选择好题目后开启题目。前期的操作请参照标准流程。开机后，点击取样，取出的样张如图 4-13 所示。返回操作台，关闭印刷机。

图 4-13　取出的样张

步骤 2：比较印样和标样。点击看样台上的印样和标样比较功能项，呈现现实印样和标样的对比图，如图 4-14 所示。从印样上可以明显地看到黑色颜色太浅，且有浅墨杠。注意：印样上有墨杠且密度差异不大时，说明不会是印版、橡皮布、压印滚筒之间压力的问题，而一定是墨路或水路的问题。

步骤 3：印样故障精细诊断。点击印样分析，青色的网点有比较明显的网点增大现

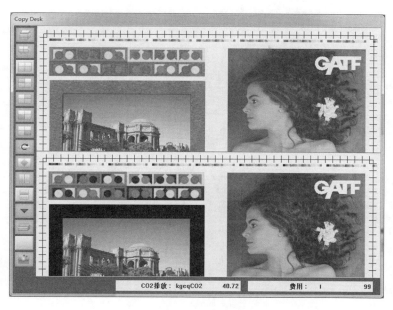

图 4-14　比对标准样张

象。如图 4-15 所示，可以看到，印样上有剥皮问题。这通常是由于墨辊的压力不正确导致的；同时，印样上还有条杠，基本可以断定是压力太大导致的。墨辊的压力大有几个方面的原因：墨辊直径过大、墨辊相对调节太重、墨辊到印版距离太小等。

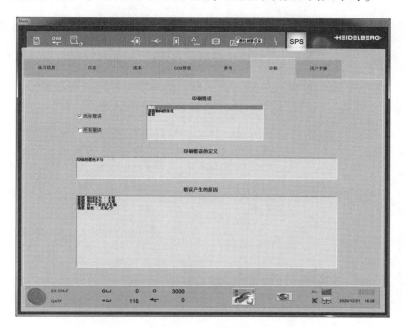

图 4-15　印样故障精细诊断结果图

步骤 4：墨路检查。如图 4-16 所示，返回印刷大厅，检查墨路。墨路中，能产生黑杠的原因有几个：墨辊直径问题、墨辊剥皮问题、墨辊间相对位置问题，可依次进行检查。

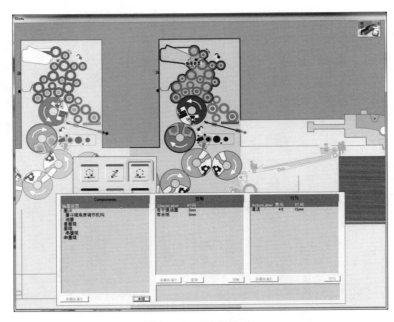

图 4-16　墨路检查

步骤 5：检查墨辊剥皮，检查结果是没有，如图 4-17 所示。

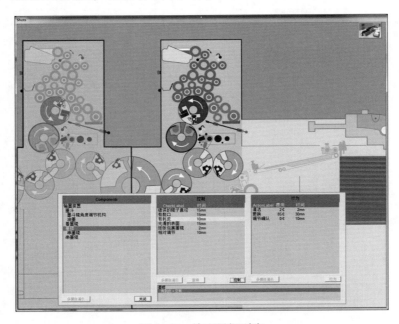

图 4-17　检查墨辊剥皮

步骤 6：检查墨辊是否太粗。点击墨辊，检查错误的墨辊直径选项，发现结果是"太大"，如图 4-18 所示。

步骤 7：更换墨辊。点击行为栏中的更换，将错误的墨辊换掉，如图 4-19 所示。

步骤 8：开启印刷机。返回印刷机操作台，开启印刷机。

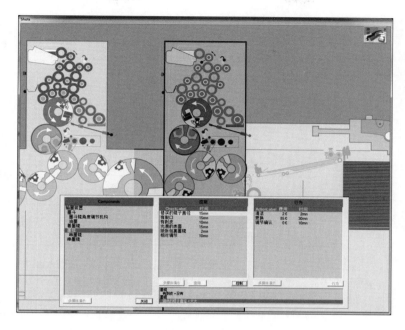

图 4-18   检查墨辊直径

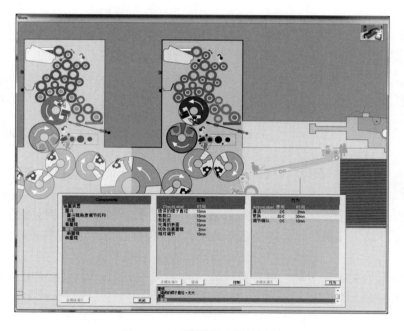

图 4-19   更换错误直径的墨辊

步骤 9：重新取样。此时印样上的问题已经全部解决。

步骤 10：点击操作台上"净计数器"开关，显示所有问题已经解决，退出软件即可完成练习。

任务评价

使用 Trace Editor 或 ASA 模块查看本次排障操作结果。理想的排障操作结果是：操作总成本应该控制在 1500 欧元以内。

技能训练

技能训练操作记录见表 4-1。

表 4-1　　　　　　　　　　　　　　技能训练操作记录表

序号	练习题题号	参考成本/欧元	练习者成本费用/欧元
1	JC1-4-1	1500	
2	JC1-4-2	1500	
3	JC1-4-3	1500	
4	JC1-4-4	1500	
5	JC1-4-5	1500	

2.2　输水装置 SHOTS 模拟操作

任务引入

完成 SHOTS 练习题中题号为《Practice Workbook Unit-08A EX 08A-B》的故障分析排除任务。

任务分析

分析排除任务题目《Practice Workbook Unit-08A EX 08A-B》的主要思路是：

第一，在开启题目时，仔细阅读"练习者信息"栏内容。

第二，在 SPS 栏中打开本次任务"工作单"并仔细阅读，明确本次任务中需要排除的故障层级数为 1/1。

第三，开机前一定要参照"标准操作流程"进行检测排查纠正相关设置状态，尽可能避免因印刷环境、印刷材料、印刷机开机前预设置状态的不当引起的故障，保障开机运行的安全。

第四，依据本次取样结果，再参考故障"诊断"栏内容，得出故障可能是由水路系统问题造成的。

任务实施

分析排除任务题目《Practice Workbook Unit-08A EX 08A-B》的主要步骤如下。

步骤 1：取样张。首先，打开软件，选择好题目后开启题目。前期的操作请参照标准流程。开机后，点击取样，取出的样张如图 4-20 所示。返回操作台，关闭印刷机。

步骤 2：比较印样和标样。点击看样台上的印样和标样比较功能项，呈现现实印张和

图 4-20　取出的样张

标样的对比图，如图 4-21 所示。从印张上可以明显地看到印张上有品红色条杠，墨杠的宽度是相同的，两条墨杠之间的距离也是相同的。通常情况下，这是由于印版磨损或墨辊、水辊剥皮导致的。

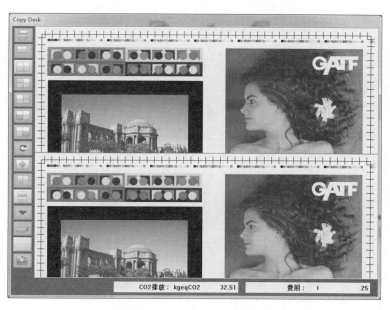

图 4-21　比对标准样张

步骤 3：印张故障精细诊断。点击印张分析，证明不是压力的问题，和上题的分析一样，通常这是由于墨路或水路中的问题导致的，如图 4-22 所示。解决思路是：沿着墨路（墨辊）、水路（水辊）、印版的方向进行检查，发现问题所在。

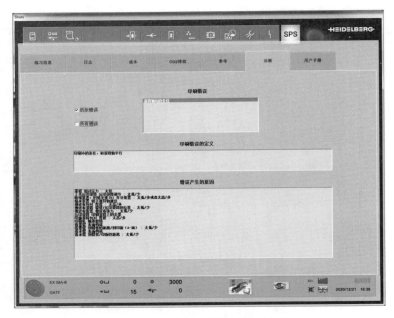

图 4-22　印张故障精细诊断结果图

　　步骤 4：查看墨路。首先查看墨路的墨辊直径、剥皮、相对位置，发现墨辊直径没有问题，如图 4-23 所示。检查墨辊剥皮情况，发现墨辊剥皮也没有问题，如图 4-24 所示。检查墨辊相对位置，发现墨辊相对位置正常，如图 4-25 所示。

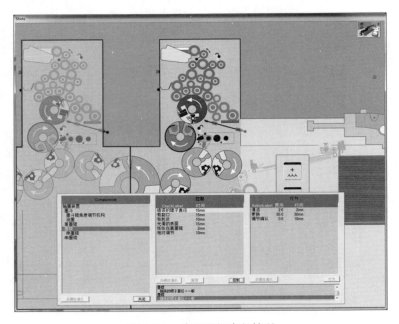

图 4-23　检查墨辊直径情况

　　步骤 5：查看水路。墨路检查都没有问题后，再检查水路。首先检查水路中水辊直径，检查后没有问题，如图 4-26 所示。检查水辊剥皮情况，发现检查结果是"多"，证

图 4-24　检查墨辊剥皮情况

图 4-25　检查墨辊相对位置情况

明水辊需要更换如图 4-27 所示。点击"行为"栏中的"更换"，换上新水辊，如图 4-28 所示。

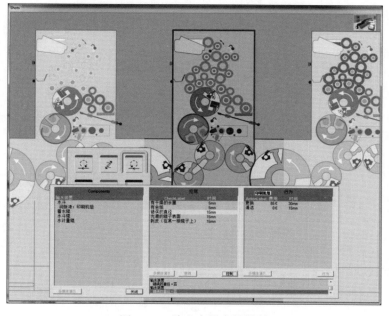

图 4-26　检查水辊直径情况

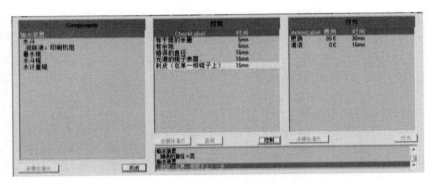

图 4-27   检查水辊剥皮情况

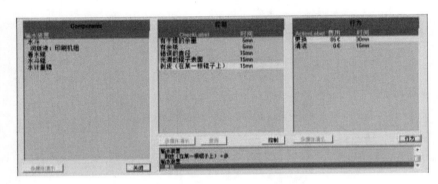

图 4-28   换上新水辊

步骤 6：查看印版。印版检查后没发现问题。

步骤 7：获取印样并比对标准样。返回印刷机操作台，开启印刷机，重新取样并比对标准样，可以看到问题都已经解决。

步骤 8：返回印刷机操作台，点击净计数器开关。软件提示问题已经解决，是否退出，点击"是"，完成练习。

任务评价

使用 Trace Editor 或 ASA 模块查看本次排障操作结果。理想的排障操作结果是：操作总成本应该控制在 1100 欧元以内。

技能训练

表 4-2   技能训练操作记录表

序号	练习题题号	参考成本/欧元	练习者成本费用欧元
1	Practice Workbook Unit-01A EX 01A-H	700	
2	Practice Workbook Unit-08A EX 08A-E	2050	
3	JCI-4-9	1500	
4	JC1-4-10	1500	
5	JC1-4-11	1500	

2.3　润版液和油墨调配操作

在本模块中，需掌握润版液配置，pH 值、电导率测试；通过三原色油墨实地密度的测定及计算，了解实际三原色油墨存在的误差。运用原色油墨和撤淡剂进行专色油墨调配印刷，掌握彩色油墨的呈色性能对彩色复制的质量和印刷效果的影响。

主要实用仪器设备及工具：pH 计、电导率仪、反射密度计、色谱。

2.3.1　润版液调配主要操作步骤

先准备好润版液原液（图 4-29），按照瓶身上的说明比例进行配制。利用 pH 计、电导率仪进行 pH 值和电导率对配好的润版液进行测试，测试前对仪器进行标定，测试过程中测试 3 次取平均值。

注意事项：①配制前，务必将水箱彻底清洗干净，以防有机物繁殖。②勿将润版液与其他溶液混合到一起。

2.3.2　油墨实地密度测定及计算

选取 2 种品牌的胶印油墨，对其中 CMY 三原色油墨实地密度测定，计算三原色油墨的色偏、带灰度和效率，比较三原色油墨的各种误差。

图 4-29　润版液原液

（1）分别用红、绿、蓝滤色镜测定黄、品、青三原色油墨的实地密度值，并记录，如表 4-3 所示。

表 4-3　　　　　　　　　　　　　原色油墨的测定密度值

油墨	滤色镜		
	红	绿	蓝
黄			
品			
青			

（2）计算油墨的色偏差

$$色相误差 = \frac{M-L}{H-L} \times 100\%$$

M——同一油墨色相用三个滤色镜所测试的中间一个数字；

L——同一油墨色相用三个滤色镜所测试的最低一个数字；

H——同一油墨色相用三个滤色镜所测试的最高一个数字。

（3）计算油墨的带灰度

$$灰度 = \frac{L}{H} \times 100\%$$

$$饱和度 = \left(1 - \frac{L}{H}\right) \times 100\%$$

（4）计算油墨的效率

$$色效率 = \left(1 - \frac{L+M}{2H}\right) \times 100\%$$

（5）结果分析（表4-4）

表4-4 原色油墨的色相测定

油墨	色相测定			
	密度	色偏/%	灰度/%	效率/%
黄				
品				
青				

2.3.3 专色墨调配

从标准色标 A（浅）、B（深）两套中各选一色，利用黄（Y）、品（M）、青（C）、黑（BK）四色墨、撤淡剂进行专色墨调配，表4-5为操作记录表。

（1）操作内容

表4-5 配色操作记录表

系列	编号	配色墨块
A		
B		

（2）操作要求

① 调深浅2个复色墨。

② 在规定的时间内完成。

2.4 着水辊、着墨辊压力调节操作

本模块重点认识输墨装置和输水装置的组成，分析着水辊、着墨辊压力对输水、输墨性能影响，掌握着水、着墨性能压力调节方法。熟练掌握该机构的调试方法，并学会用塞尺测量墨辊压力及用打墨杠发测量和印版滚筒的压力大小，提高学生的实际动手能力。

2.4.1 着水辊压力的调节

由水墨辊排列装置原理可知，着水辊处于印版滚筒与串水辊之间，调节着水辊压力时，要先调节着水辊与串水辊的压力，后调节着水辊与印版滚筒。

（1）着水辊与串水辊间压力调节步骤

① 确定着水辊已经安装到位。

② 采用塞尺的方法，把一定厚度的塞尺放进着水辊与串水辊之间，如图 4-30 所示。

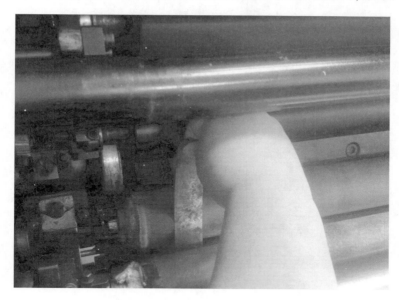

图 4-30　着水辊与串水辊间压力调节

③ 用手来回拉动塞尺，如果压力过大或过小可用套筒拧动着水辊两侧的相关调节螺钉，如图 4-31 所示，感觉有点阻力并能抽动即可。

图 4-31　着水辊与串水辊间调节螺母

（2）着水辊与印版滚筒间压力调节步骤

① 确定着水辊与串水辊压力已经调节好。

② 把着水辊调节手柄打到着水位置。

③ 将塞尺插入着水辊与印版滚筒之间，如图 4-32 所示。

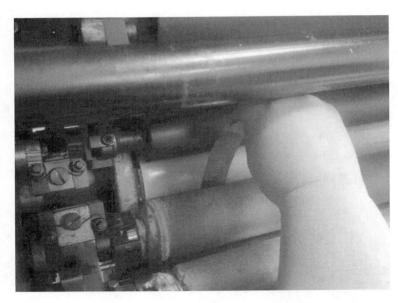

图 4-32 着水辊与印版间压力调节

④ 在着水辊与印版滚筒之间来回拉动塞尺，当拉动过程中感觉有阻力并能拉出塞尺即可，如果阻力过大或过小表明压力过大或过小，应用相关工具调节印刷机上相应的位置，直到压力适当为止，如图 4-33 所示。

图 4-33 着水辊与串水辊间调节螺母

⑤ 压力调节完毕后，把着水辊打到不着水状态，并重新锁紧相关调节螺母。

2.4.2 着墨辊压力的调节

（1）着墨辊与串墨辊间压力的调节（这里我们采用打墨杠的方法）

① 取少量黄墨，并使之在墨刀表面均匀分布，如图 4-34（a）所示。

② 将墨刀上均匀的黄墨涂布在串墨辊上，上完墨后，启动机器，将串墨辊上的油墨打匀打薄，如图 4-34（b）所示。

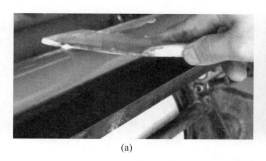
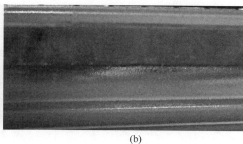

(a)　　　　　　　　　　　　　　　　　(b)

图 4-34　串墨辊上墨匀墨示意图

③ 开机后，点动机器后串墨辊表面会出现墨杠，用小纸条将串墨辊表面的墨杠取下来，并与标准宽度相比对，如图 4-35 所示。

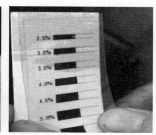

图 4-35　串墨辊表面墨杆

④ 停机后，点动机器后串墨辊表面会出现墨杠，用小纸条将串墨辊表面的墨杠取下来，并与标准宽度相比对。

⑤ 如果墨杠的宽度比标准宽度大，表明压力过大；如果墨杠的宽度比标准宽度小，表明压力过小。用专用工具调节印刷机上相应的调节结构，直到墨杠的宽度与标准宽度相同为止。

⑥ 用同样的方法调节串墨辊另一端的压力，保证串墨两端的压力都与标准压力相同。

（2）着墨辊与印版滚筒间的压力调节

① 确保着墨辊与串墨辊间的压力已经调节完毕。

② 将印版擦洗干净。

③ 启动机器将油墨打匀。

④ 手动将着墨辊与印版滚筒相靠，相靠后立即脱开，此时印版表面会出现四道墨杠，四道墨杠分别表明了四根着墨辊与印版滚筒间的压力。

⑤ 将印版上的墨杠与标准宽度相比较，通过调节相关螺丝，使四根墨杠与标准宽度相同。

⑥ 调好一端压力后，用同样的方法调节另一端的压力，保证两端压力都与标准宽度相同。

2.5 墨量、水量调节操作

根据印刷品数量及图文面积选择墨量，用专用墨铲装入所需油墨，如图4-36所示，开平墨斗（通过局部调节完成）。

图4-36 墨斗上墨示意图

① 机器运行后定速，传墨按钮打到"给墨"状态，如图4-37所示，等墨传好后打到"自动"位置。通过听和看来判断墨量是否合乎标准，一般墨层分离声音较轻但能听到声音时，墨量正好；若分离声音很响，能听到"滋滋"的声音，说明墨量太大，这时必须停机，再用吸墨纸进行吸墨处理。

② 墨量调节。根据原稿选择好油墨，抬起墨斗，锁紧墨斗两端螺丝，根据图文单色面积，整体油墨调节。

根据印刷品数量及图文面积选择墨量，用专用墨铲装入所需油墨，如图4-38所示，开平墨斗（通过分区墨量调节完成）。

（3）上水、传水操作

① 根据墨量大小合理控制水量，如图4-39所示。

② 把传水辊打到"给水"状态，并使着水辊与印版表面接触。

③ 当印版表面的水分达到一定程度时，着水辊停止供水，传水辊打到"自动"状态。

图 4-37　整体墨量调节

图 4-38　局部墨量调节

图 4-39　水量调节

2.6　墨量水量调节开机操作流程

（1）每个学生领取 200 张四开胶版纸。

（2）将整理完毕的纸张齐放在给纸台上。

（3）观察并调试分离及输送装置是否正常。

（4）观察并调试其他装置（双张检测器、前规、侧规、收纸）是否正常。

（5）启动主机，操纵水、墨部件达工作状态，观察印版表面水、墨平衡状态。

（6）把着水辊打到着水状态，当版面水分达到一定程度时（版面有少量光线反射），给印版上墨，印版表面不带脏即可。

（7）根据实际印刷品图文信息情况再微调水量、墨量。

（8）实训完毕后清理机器填写实训报告。

考核评价模块

3.1　理论测试

（1）填空题

① 输墨装置由_____、_____、_____组成。

② 胶印机墨辊排列遵循原则是_____。

③ 达格伦润湿装置中的第一着墨辊担负着_____和_____双重任务。

④ 输水装置由_____、_____、_____组成。

⑤ 油墨的乳化现象是指_____。

⑥ 接触式润湿系统可分为_____和_____两类。

⑦ 胶印机应用油墨和水_____的原理。

（2）选择题（含单选和多选）

① 关于下列说法正确的是_____。

A. 匀墨部分主要由串墨辊、匀墨辊和重辊三种辊组成

B. 着墨部分一般由四根着墨辊组成，每根着墨辊的作用是一样的

C. 匀墨系数是匀墨辊面积之和与印版面积之比

D. 着墨率是着墨辊面积之和与印版面积之比

② 印刷机的墨路加长，会导致（　　）。

A. 印版上的墨量对供墨变化的灵敏度变好

B. 印版上得到更加均匀的墨层

C. 正常印刷时墨路上下的墨量变大，即墨层厚度差变大

D. 印刷机将更不适合印刷以网点图像为主的印品

③ 关于 SM52-4 胶印机机下列说法正确的是_____。

A. 出墨量大小调节可以改变墨斗辊转角大小来进行

B. 出墨量大小调节可以改变墨斗刀片与墨斗辊间隙来进行

C. 供墨部分由墨斗、墨斗辊、传墨辊组成

D. 墨斗辊是逆时针、顺时针双向交替并连续转动的

E. 串墨辊上的转速必须经过减速才能推动墨斗辊的间歇转动

④ 下列说法正确的是＿＿＿＿＿＿＿＿。

A. 串墨辊一般有一根上串墨辊、一根中串墨辊和两根下串墨辊

B. 串墨辊靠齿轮带动旋转，而匀墨部分其他辊子靠摩擦带动旋转

C. 串墨辊能轴向串动，而匀墨部分其他辊子仅有靠摩擦带动的旋转运动

D. 着墨辊给印版着墨与离墨既能自动控制又能手动操作

E. 四根着墨辊与印版的压力是否合适，可以通过观察着墨辊在印版上的油墨压痕宽度，一般从第一根到最后一根在印版上压痕分别为：5、5、4、3

⑤ 关于润湿装置，下列说法正确的是＿＿＿＿＿＿。

A. 接触式润湿装置可分为连续式、间歇式和酒精润湿装置三种

B. 非接触式润式装置可分为刷辊给水式和喷水给水润湿装置

C. SM52-4 胶印机的着水辊表面需要包一层绒布套

D. SM52-4 胶印机没有传水辊

E. 水斗的材料最好为塑料

⑥ 各根着墨辊对印版滚筒的压力应为＿＿＿＿＿＿。

A. 相同 B. 前两根压力大，后两根压力小

C. 前两根压力小，后两根压力大 D. 各根压力大小均不相同

⑦ 着墨部分的作用是＿＿＿＿＿＿。

A. 将油墨传给匀墨辊 B. 将油墨涂敷在印版上

C. 将油墨变成薄而匀的膜层 D. 储存油墨

⑧ 串水辊为了达到匀水目的，它具有＿＿＿＿＿＿。

A. 旋转运动 B. 摆动 C. 轴向串动

D. 间歇运动 E. 偏心转动

⑨ 墨辊之间产生必要的压力是保持＿＿＿＿＿＿的需要。

A. 正常的摩擦传动 B. 齿轮传动 C. 碾匀油墨

D. 传墨辊摆动 E. 轴向移动

⑩ 传墨辊的旋转运动是通过＿＿＿＿＿＿带动的。

A. 墨斗辊的摩擦 B. 墨斗辊的齿轮 C. 串墨辊的摩擦

D. 串墨辊的齿轮 E. 墨斗辊的链轮

⑪ 选择软质墨辊材料时，硬度不能过高，否则将造成＿＿＿＿＿＿现象。

A. 墨色不匀 B. 网点不清晰 C. 耐热性差

D. 易造成墨杠 E. 对油的亲和力差

⑫ 输墨装置中墨辊的排列应为＿＿＿＿＿＿。

A. 软硬相间 B. 先软后硬

C. 先硬后软 D. 任意安排

⑬ 刷辊给水润湿装置具有＿＿＿＿＿＿特点。

A. 连续给水 B. 间歇给水 C. 给水均匀

D. 能够控制水量 E. 水液不会倒流

⑭ 任何润湿装置组成中都有＿＿＿＿＿＿。

A. 水斗辊　　　　　　B. 传水辊　　　　　　C. 串水辊

D. 重辊　　　　　　　E. 着水辊

⑮ 传墨辊在摆动时与_____相接触。

A. 墨斗辊　　　　　B. 串墨辊　　　　　C. 匀墨辊　　　　　D. 重辊

⑯ 胶印机着水辊的作用是_____。

A. 提供润湿液　　　B. 均匀润湿液　　　C. 给印版着水　　　D. 调节润湿量

⑰ 在供墨装置中，重墨辊担负着_____作用。

A. 着水　　　　　　B. 匀水　　　　　　C. 着墨　　　　　　D. 匀墨

（3）判断题

（　　）① 输墨装置作用是给印版上一层薄且均匀的墨膜，同时墨量可控。

（　　）② 储墨系数越大，自动调节墨量的性能越好，难以保证一批印品墨色深浅一致。

（　　）③ 匀墨系数越大，则匀墨性能越好，所以可以无限增大匀墨部分墨辊直径来增大匀墨系数。

（　　）④ 国内外各品牌的单张纸胶印机中，每个色组墨辊数量都应该一样多。

（　　）⑤ 墨辊排列是软硬相间排列的；串墨辊、墨斗辊、重辊是硬的，其余是软的。

（　　）⑥ 墨辊排列都是以串墨辊为中心的三级排列形式。

（　　）⑦ 自动上水器主要为真空式、水泵式、风动式和酒精润湿液集中循环控制系统。

（　　）⑧ 在水中加适量的酒精可增大水的表面张力，从而与固体表面接触面积大，润湿效果越好。

（　　）⑨ 印刷过程中，印版都是先上水后上墨。

（　　）⑩ 在 J2108 胶印机上，传水辊、着水辊上套上绒布套的原因是由于水具有毛细管作用，有利于水的传递。

（　　）⑪ 酒精润湿液集中循环控制系统酒精的浓度一般设定为 12.5%，温度设定一般为 10℃，润湿液的 pH 为 5~6。

（　　）⑫ 酒精润版液中的酒精指的是异丙醇。

（4）简答题

试说明着墨辊压力调节和离合压控制的工作原理。

3.2　实操考评

技能操作考评见表 4-6。

表 4-6　　　　　　　　　　　技能操作考评记录表

考评内容	分值	评分标准	扣分	得分
润版液调配	20	pH 测试（10 分）		
		电导率测试（10 分）		
油墨密度测试	10	密度、色相、色误差、色效率测试		

续表

考评内容	分值	评分标准	扣分	得分
专色墨调节	20	深色墨块(色块 A)调节		
		浅色墨块(色块 B)调节		
墨水辊压力调节	20	水辊压力调节(10 分)		
		墨辊压力调节(10 分)		
开机水墨量调节	10	水墨平衡		
合计得分				
实调效果评价等级				
实习指导教师意见				

项目五　印刷装置调节

项目导入

印刷装置是印刷机的核心。印刷装置是印刷机上直接完成图像转移，实现印刷工艺过程的关键部件，它的结构性能直接影响印刷质量。本项目主要介绍单张纸胶印机印刷装置的基本组成，结构类型、原理。在学习过程中要求熟悉印刷装置的结构，滚筒包衬的材料和作用、滚筒包衬的术语、滚筒包衬的计算。掌握印版及橡皮布的拆装，并基本掌握该部分常见故障的类型及分析处理方法。

知识目标

① 熟悉印刷装置的作用及组成
② 熟悉胶印机滚筒的基本结构
③ 熟悉印版滚筒结构和组成
④ 熟悉橡皮布滚筒结构和组成
⑤ 熟悉压印滚筒基本结构和组成

技能目标

① 掌握 SHOTS 软件印刷装置模拟操作
② 掌握印版的拆装
③ 掌握橡皮布的拆装

考核评价

① 理论测试
② 实操考评

知识技能树

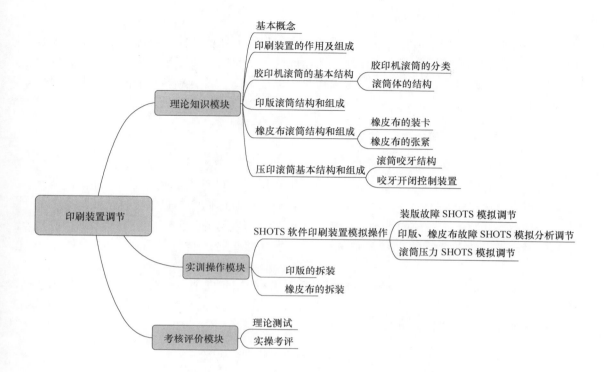

理论知识模块

1.1　基本概念

（1）印刷滚筒　用于安装印版的筒状物体。

（2）橡皮滚筒　用于安装橡皮布并进行图像转移的筒状物体。

（3）压印滚筒　用于提供压力并传递纸张的筒状物体。

（4）印刷压力　相互接触的滚筒印刷过程中所产生的变形量。

（5）衬垫　包裹在印版或橡皮布里面的填充物。

（6）校版　通过改变印版的位置来实现图文位置变化的一种调节方式。

1.2　印刷装置的作用及组成

　　印刷装置是印刷机的主要组成部分，是直接完成图像转移的职能部分，因此，它是胶印机的核心部件。只有结构合理、调节得当、处于良好的工作状态的印刷部件，才能印出高质量的印品。单张纸胶印机的印刷装置由印版滚筒、橡皮滚筒、压印滚筒及相关辅助装置组成。另外，在滚筒部件上，还有印版的装卡机构、橡皮布夹紧机构、咬纸牙安装与调节机构、滚筒间压力调节机构等。

1.3　胶印机滚筒的基本结构

1.3.1　胶印机滚筒的分类

　　胶印机滚筒按其功能可分为印刷滚筒和传纸滚筒。而印刷滚筒包括印刷滚筒、橡皮滚筒、压印滚筒；传纸滚筒包括递纸滚筒、机组间的传纸滚筒、收纸滚筒。在带翻转装置的三传纸滚筒的胶印机中，第二个传纸滚筒也称为储纸滚筒，具有翻转功能的小传纸滚筒也称为翻纸滚筒。

1.3.2　滚筒体的结构

　　如图 5-1 所示，轴颈是滚筒的支承部分，一般都用于安装轴承，轴承再装于墙板上，是保证滚筒运转平稳和印品质量的重要部位。轴头用于安装转动齿轮或凸轮，使滚筒得到动力，因此上述两个部位加工精度要求高。肩铁设置在滚筒两侧，也叫滚枕或叫炮边，其作用一是作为安装调节滚筒的基准；二是作为调节滚筒包衬的基准；三是可以增加印刷机运转的平稳性。通常滚枕的直径和滚筒齿轮的分度圆直径一样（压印滚筒的滚枕略小些）。材料要求耐磨，一般选 40Cr。滚筒体是直接承担印刷的部位，滚筒体分为：空挡部位和工作面（也称有效面）。空挡部位根据不同的滚筒用于安装咬纸牙排机构、拉紧橡皮布机构、装卡印版机构。有效表面是用于印刷的部位或支撑承印物，滚筒体的材料一般选用铸铁制造而成，一般铸铁型号为 HT250。

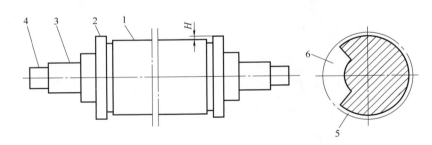

图 5-1　滚筒的基本结构示意图

1—滚筒体　2—肩铁（滚枕）　3—轴颈　4—轴头　5—工作面　6—空挡

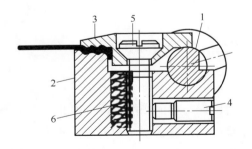

图 5-2　快速板夹机构

1—缺口轴　2—下板夹　3—上板夹
4—紧定螺钉　5—球头螺钉　6—撑簧

1.4　印版滚筒结构和组成

　　印版滚筒结构必须解决两个问题：印版的装卡，印版位置的调整。

　　印版装卡机构的作用是安装印版。大致有三种类型，即固定式版夹机构、快速版夹机构和自动装版机构。由于固定式版夹机构现在基本上不太使用，故这里只介绍后两种。

　　（1）快速版夹机构　如图 5-2 所示，将印版插入下版夹 2 和上版夹 3 中间，用拨棍转动缺口轴 1 到咬合位置，缺口轴的圆周面顶起上版夹 3 的尾部，由于球头螺钉 5 的作用，上版夹绕球头螺钉 5 转动，使前端钳口部分把印版夹紧。卸下印版时，只要把缺口轴的平面部位转到与上版夹 3 尾部相对应的位置，此时由于撑簧 6 的作用，上版夹 3 会自动绕球头螺钉 5 转动而松开印版。如果印版厚度发生变化，需要改变版夹的夹力时，先松开紧定螺钉 4，然后用螺钉 5 进行调节。调好后，应锁紧紧定螺钉。

（2）自动装版机构　如图 5-3 所示，首先，夹紧印版咬口边。上版夹 5 固定在印版滚筒上，下版夹 4 是由气缸 3 控制支杆 2 而上下移动的。气缸 3 加压时控制支杆 2 下移而压缩弹簧 1，下版夹 4 也下移，这样上下版夹就打开一个间隙 X，可以插入印版咬口边。然后，气缸 3 卸压，依靠弹簧 1 的弹力使下版夹上移将印版夹紧。其次，夹紧印版拖梢边。气缸 10 加压（箭头方向），下版夹 8 绕支点 A 逆时针转动，压缩弹簧 9。由于上下版夹依靠扇形齿轮相啮合，所以上版夹 7 绕 B 支点顺时针转动而压缩弹簧 6，使上版夹 7 和下版夹 8 之间张开一个间隙 Y，将印版拖梢边插入间隙中。然后，气缸卸压，上版夹 7 和下版夹 8 分别在弹簧 6、9 的弹簧力作用下，

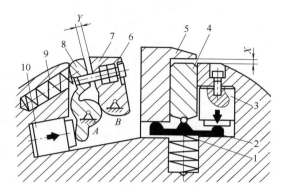

图 5-3　自动装版机构

1、6、9—压缩弹簧　2—支杆　3、10—气缸　4—下版夹　5—咬口上版夹　7—拖梢上板夹　8—拖梢下板夹　X—咬口张开间隙　Y—拖梢张开间隙

夹紧印版拖梢边。随后，张紧印版。由于气缸 10 已卸压，整个拖梢边版夹在弹簧 9 的弹簧力作用下，绕 A 支点顺时针转动，使印版被张紧在印版滚筒上。注意：装印版时先装咬口，拆印版时先拆拖梢。

1.5　橡皮布滚筒结构和组成

橡皮布滚筒的基本结构就是要满足可靠、方便地装拆橡皮布的需求。安装橡皮布需要两个步骤，首先是安装橡皮布，其次把橡皮布张紧在滚筒表面。

1.5.1　橡皮布的装卡

橡皮布安装时先装咬口，后装拖梢。拆卸时，先拆拖梢，后拆咬口。

如图 5-4（a）所示，橡皮布咬口的上下夹板 1 上设有齿牙，拧紧固定螺钉 3 时，上下夹板把橡皮布夹紧。橡皮布安装时，先松开卡板 4，使夹板 1 上的凸出面嵌入张紧轴 5 的凹槽内，并把橡皮布夹板用力压向张紧轴 5 的配合平面，卡板 4 在压簧 6 的作用下自动钩住夹板 1。卸下橡皮布时，则只要推开卡板 4，即可取出夹板。滚筒咬口部分的压簧 7 和夹板 8 是纸张等衬垫材料的夹紧装置。

1.5.2　橡皮布的张紧

先张紧拖梢，再张紧咬口。

橡皮布滚筒体右端面（靠操作面一边）上有张紧机构如图 5-4（b）所示，张紧轴 5

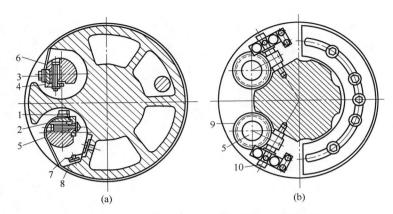

图 5-4   单张纸平版印刷机橡皮布装卡及张紧机构

1—上下夹板   2—橡皮布   3—固定螺钉   4—卡板   5—张紧轴   6、7—压簧   8—夹板   9—蜗轮   10—蜗杆

上装有蜗轮 9 蜗杆 10，蜗杆轴的轴端为方头，通过专用套筒扳手可以转动蜗杆，使张紧轴 5 转动，从而张紧或松开橡皮布。

1.6   压印滚筒基本结构和组成

压印滚筒是带纸印刷的，其上必须有咬牙机构；同时，也要有控制咬牙张开与闭合的咬牙开闭控制装置。

1.6.1   滚筒咬牙结构

① 滚筒咬牙的分类。根据产生咬力的方式可分为弹簧加压式咬牙和凸轮加压式咬牙。

② 压印滚筒咬牙的结构。如图 5-5 所示为某单张纸平版印刷机压印滚筒咬牙结构，由牙片 1、牙体 2、牙座 3、压簧 4 以及螺钉等组成。牙体 2 活套在咬纸牙轴 5 上，牙片 1 通过螺钉 6 和 7 与牙体 2 固定，松开这两个螺钉，可以调节牙片的前后位置。而牙座 3 用螺钉 11 紧固在咬牙轴上，当它被牙轴带动朝顺时针方向转动时，经过压簧 4 和调节螺钉 8，使牙体 2 同向转动，牙片 1 与牙垫 10 处于闭合咬纸状态。咬力大小取决于撑簧 4 的压缩量，故咬力微调可转动螺钉 8 改变撑簧 4 的压力进行调节。但此时螺钉 6 与牙座 3 之间一般应有 0.2mm 的间隙，如果没有间隙存在，就会失去调节作用。

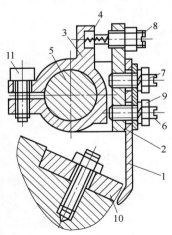

图 5-5   压印滚筒咬牙结构

1—牙片   2—牙体   3—牙座
4—撑簧   5—咬牙轴
6、7、11—螺钉   8—调节螺钉
9—螺母   10—牙垫

③ 滚筒咬牙咬力大小调节。先将机器转动到咬牙咬纸位置，即牙轴摆杆上的滚子与控制咬牙开闭的凸轮脱离接触。

如图 5-6 所示，在定位螺钉 4 和定位块 2 之间垫入 0.25~0.3mm 厚度的厚薄片（或相同厚度的纸条）。如果全部咬牙的咬力均需调节，如图 5-5 所示，则将所有牙座的固定螺钉 11 松开，在每个咬牙和牙垫之间放一张

0.1mm 厚与牙同宽度的牛皮纸条，由中间向两边交替逐个用手给咬牙片施加合适的咬力，然后再拧紧螺钉 11。进一步通过调节螺钉 8，使各个咬牙的咬力保持均匀一致。调节完毕，撤除定位螺钉和定位块之间的厚薄片或垫纸。

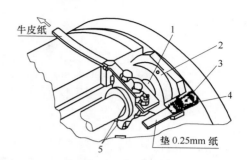

图 5-6　滚筒咬牙咬纸力调节
1—咬牙轴　2—咬牙轴定位块　3—螺钉支架
4—定位螺钉　5—牙座

1.6.2　咬牙开闭控制装置

印刷机上的咬牙开闭控制装置一般均采用凸轮机构，根据凸轮控制咬牙张开还是闭合的状况，分为高点闭牙和低点闭牙两种形式。

① 高点闭牙。高点闭牙是指咬牙轴摆杆的滚子与凸轮高面（远休止弧）部分接触时（凸轮不动），咬牙闭合，咬住纸张，凸轮产生咬纸力；咬牙轴摆杆的滚子与凸轮低面（近休止弧）部分接触时，咬牙张开，放开纸张。如图 5-7 所示，当滚子进入凸轮的小面时，由于弹簧 1 的作用，推动撑杆 2，使咬牙张开。高点闭牙的特点是可以增大咬合力，但对凸轮廓线精度和耐磨性有较高要求。

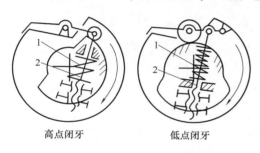

高点闭牙　　　　低点闭牙

图 5-7　咬牙闭合控制机构
1—弹簧　2—撑杆

② 低点闭牙。低点闭牙是指牙轴摆杆上的滚子进入凸轮低面（近休止弧）部分后，咬牙闭合，弹簧产生咬纸力；而滚子在凸轮的高面（远休止弧）部分移动时，咬牙处于开合状态。特点是咬牙力靠弹簧控制，咬纸不够牢固，在印刷品中有时会发生纸张位移，使套印不准。

实训操作模块

2.1　SHOTS 软件印刷装置模拟操作

模拟操作实训目标
（1）熟悉引起印刷样张套印不准故障现象的问题、印刷祥张的类型及特点。
（2）学会通过检测相关部件参数设置，快速找到对应故障现象原因问题的方法和技巧。
（3）学会使用放大镜工具观测套印不准现象并确定印版套准调节量的方法和技巧。
（4）掌握 SHOTS 软件相关基本操作的方法和要领。

技能目标

（1）具备使用放大镜工具观测套印不准现象，并确定印版套准调节量的能力。
（2）具备排除套印不准故障的能力。
（3）具备 SHOTS 软件相关基本操作的能力。

项目描述

套印不准是胶印过程中常见故障之一，如图 5-8 所示，通常的套印故障表现为两种现象：其一，印刷品正反面套印问题；其二，同一面印刷品多色套印问题。在单色双面书刊印刷中套印问题主要是指正反面套印问题；在彩色印刷过程中套印问题主要是指正反面套印和多色套印问题。

图 5-8　套印样张
（a）套印不准故障样张　（b）正确套印样张

在正常印刷印张上均有套印十字线和角线等规矩线，借助于这些规矩线可以判断套印是否准确。如果两次印刷得到的规矩线完全重合的（在允许的误差范围内），我们称之为套印准确，如果两次印刷得到的规矩线不完全重合的，我们称之为套印不准。图 5-8（b）是套印准确的理想样张。

本项目中我们将对装版问题、油墨黏度问题两类情况进行讨论。

2.1.1　装版故障 SHOTS 模拟调节

任务引入

完成 SHOTS 练习题中题号为《Unit-01 Chinese Workbook EX-CN 01A》的故障分析排除任务。

任务分析

分析排除任务题目《Unit-01 Chinese Workbook EX-CN 01A》的主要思路是：

第一，在开启题目时，仔细阅读"练习者信息"栏内容。

第二，在 SPS 栏中打开本次任务"工作单"并仔细阅读，明确本次任务中需要排除的故障层级数为 1/1。

第三，开机前一定要参照"标准操作流程"进行检测排查纠正相关设置状态，尽可能避免因印刷环境、印刷材料、印刷机开机前预设置状态的不当引起的故障，保障开机运行的安全。

　　第四，依据本次取样结果，再参考故障"诊断"栏内容，得出故障可能是由装版问题造成的。

任务实施

　　分析排除任务题目《Unit-01 Chinese Workbook EX-CN 01A》的主要步骤如下。

　　步骤 1：取样张。首先，打开软件，选择好题目后开启题目。前期的操作请参照标准流程。开机后，点击取样，取样发现印刷样张套印不准，如图 5-9 所示。返回操作台，关闭走纸。

图 5-9　取样结果

　　在遇到印刷样张套印不准情况时，首先考虑是否是由于装版不准原因导致的。

　　步骤 2：比较印样和标样。点击看样台上的印样和标样比较功能项呈现现实印样和标样的对比图，如图 5-10 所示。进行对比后，可以看到青色版未套准。

图 5-10　比较印样和标样操作图

步骤 3：确定套准调节量。一般使用放大镜工具确定套准调节量。打开工具箱，选取放大镜工具，如图 5-11 所示。

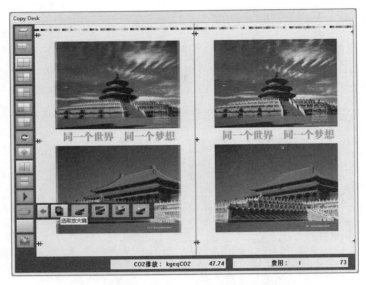

图 5-11　选取放大镜工具操作图

将放大镜放置在套准线上，查看套印结果。通过放大镜可以看到，青色与标准样相比，往右偏离了 5 个刻度，如图 5-12 所示。

图 5-12　用放大镜查看套印结果操作图

步骤 4：套准调整。回到印刷机操作界面，点击套准界面，调整套准控制至合适值。调整的时候注意，放大镜上的每一个刻度都对应着套印调整的 10 个最小单位（即 1.0）。因此，此处我们需要将青色版向左调整 5.0，如图 5-13 所示。

步骤 5：双击生产按钮，重新开启印刷机。

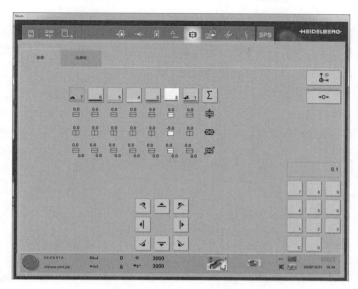

图 5-13　套准调整操作图

步骤 6：重新取样，发现套准问题已经解决，印刷样张质量合格。

步骤 7：点击净计数器开关。系统提示练习完成。点击"是"，完成练习。

任务评价

使用 Trace Editor 或 ASA 模块查看本次排障操作结果。理想的排障操作结果是：操作总成本应该控制在 30 欧元以内。

技能训练

技能训练操作记录见表 5-1。

表 5-1　　　　　　　　　　技能训练操作记录表

序号	练习题题号	参考成本/欧元	练习者成本费用/欧元
1	Unit-01 Chinese Workbook EX-CN 01-B	30	
2	Unit-01 Chinese Workbook EX-CN 01-C	50	
3	Practice Workbook Unit-06A EX 06A-A	30	
4	Practice Workbook Unit-06A EX 06A-F	30	
5	SHOTS Press Skills Assessment Skills Exercise 1	50	

2.1.2　印版、橡皮布故障 SHOTS 模拟分析调节

任务引入

完成 SHOTS 练习题中题目为《Task 10—Press Production Set 1 Exercise 3》的故障分析排除任务。

任务分析

分析排除任务题目《Task 10—Press Production Set 1 Exercise 3》的主要思路是：

第一，在开启题目时，仔细阅读"练习者信息"栏内容。

第二，在 SPS 栏中打开本次任务"工作单"并仔细阅读，明确本次任务中需要排除的故障层级数为 1/1。

第三，开机前一定要参照"标准操作流程"进行检测排查纠正相关设置状态，尽可能避免因印刷环境、印刷材料、印刷机开机前预设置状态的不当引起的故障，保障开机运行的安全。

第四，依据本次取样结果，再参考故障"诊断"栏内容，得出故障可能是由印版或橡皮布表面问题造成的。

任务实施

分析排除任务题目《Task 10—Press Production Set 1 Exercise 3》的主要步骤如下。

步骤 1：取样张。首先，打开软件，选择好题目后开启题目。前期的操作请参照标准流程。开机后，点击取样，取出的样张如图 5-14 所示。返回操作台，关闭印刷机。

图 5-14　取出的样张

步骤 2：比较印样和标样。点击看样台上的印样和标样比较功能项，呈现现实印样和标样的对比图，如图 5-15 所示。可以看到，印样上青色版上有明显的白杠。通常，出现白杠是由于印版或橡皮布表面磨损造成的。

步骤 3：印样故障精细诊断。点击印样分析，可以看到诊断结果为图形丢失。图形丢失是由印版磨损导致的印刷条杠，如图 5-16 所示。因此，我们需要检查青色印版。

步骤 4：检查青色印版情况，如图 5-17 所示。点击返回印刷大厅，进入青色单元；进入印版系统，检查印版表面磨损情况。可以看到，印版磨损检查结果检查是"是"。证明印版已经磨损，需要更换印版。

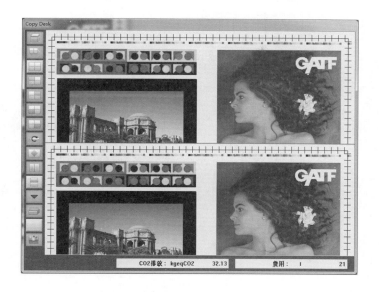

图 5-15　比对标准样张

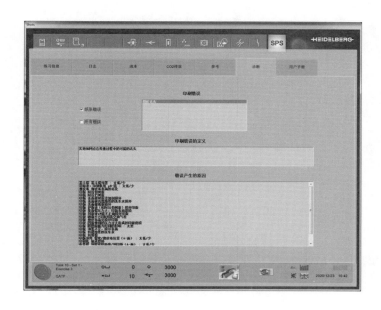

图 5-16　印样故障精细诊断结果图

　　步骤5：更换印版，如图5-18所示。在"行为"一栏中，点击取出，更换一块新印版。

　　步骤6：进入印刷机操作台，重新开启印刷机。

　　步骤7：重新取样。可以看到，现在印刷品已经没有印刷条杠出现，证明问题已经解决。

　　步骤8：结束练习。此时软件弹出窗口，问是否退出。点击"是"，完成练习。

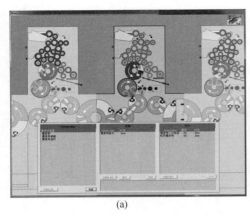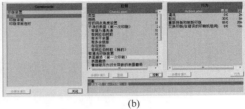

（a）　　　　　　　　　　　　（b）

图 5-17　检查青色印版情况图

（a）整体图　（b）局部放大图

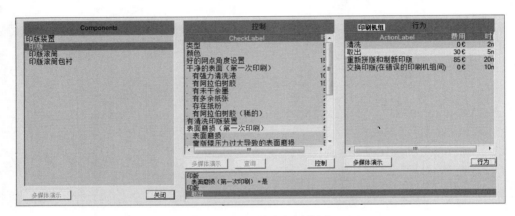

图 5-18　更换印版操作图

任务评价

使用 Trace Editor 或 ASA 模块查看本次排障操作结果。理想的排障操作结果是：操作总成本应该控制在 500 欧元以内。

技能训练

技能训练操作记录见表 5-2。

表 5-2　　　　　　　　　　技能训练操作记录表

序号	练习题题号	参考成本/欧元	练习者成本费用/欧元
1	Practice Workbook Unit-01A EX 01A-E	500	
2	Practice Workbook Unit-06A EX 06A-E	500	
3	Practice Workbook Unit-06B EX 06B-E	500	
4	Practice Workbook Unit-06C EX 06C-D	800	
5	Practice Workbook Unit-06C EX 06C-F	900	

2.1.3　滚筒压力 SHOTS 模拟调节

任务分析

分析排除任务题目《Task 05—The Delivery System Set 1 Exercise 1》的主要思路是：

第一，在开启题目时，仔细阅读"练习者信息"栏内容。

第二，在 SPS 栏中打开本次任务"工作单"并仔细阅读，明确本次任务中需要排除的故障层级数为1/1。

第三，开机前一定要参照"标准操作流程"进行检测排查纠正相关设置状态，尽可能避免因印刷环境、印刷材料、印刷机开机前预设状态的不当引起的故障，保障开机运行的安全。

第四，依据本次取样结果，再参考故障"诊断"栏内容，得出故障可能是由滚筒压力问题造成的。

任务实施

分析排除任务题目《Task 05—The Delivery System Set 1 Exercise 1》的主要步骤如下。

步骤1：取样张。首先，打开软件，选择好题目后开启题目。前期的操作请参照标准流程。开机后，点击取样，取出的样张如图 5-19 所示。返回操作台，关闭印刷机。

图 5-19　取出的样张

步骤2：比较印样和标样。点击看样台上的印样和标样比较功能项呈现现实印样和标样的对比图，如图 5-20 所示。从印样上可以明显地看到有脏版，而且有横向的墨杠和套印不准。如果仅仅有脏版，最有可能是水墨平衡中润版液的比例过低。而如果仅有墨杠，则可能是压力问题、包衬过厚的问题。

步骤3：印样故障精细诊断。点击印样分析，青色的网点有比较明显的网点增大现象，如图 5-21 所示。综合分析下来，是由于压力过大导致的。压力问题通常是由两个辊

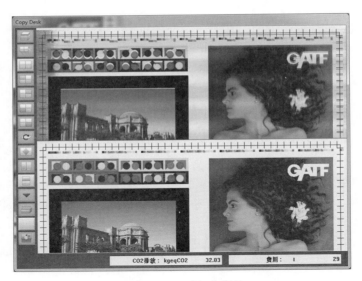

图 5-20　比对标准样张

之间的距离不正确导致的。分析思路是逆着油墨的走向进行查找，依次检查橡皮布包衬厚度、印版包衬厚度、墨棍间压力和墨辊距离。

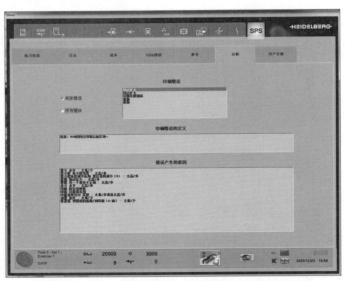

图 5-21　印样故障精细诊断结果图

步骤 4：点击进入橡皮布系统，如图 5-22 所示。返回印刷大厅，进入青色机组。

步骤 5：检查青色单元橡皮布包衬。点击橡皮布包衬，检查厚度是 1.5mm，如图 5-23 所示。点击检查一下标准值为 1.5mm，如图 5-24 所示，说明橡皮包衬厚度没有问题，可能是印版包衬厚度有问题，因此需要进一步检查印版包衬厚度。

步骤 6：检查印版包衬厚度。进入印版系统，如图 5-25 所示。同样的方法检查下来，印版包衬厚度是 0.4mm，而"查询"其标准值是 0.3mm，如图 5-26 所示。说明厚度过厚，导致压力过大。

图 5-22　进入橡皮布系统

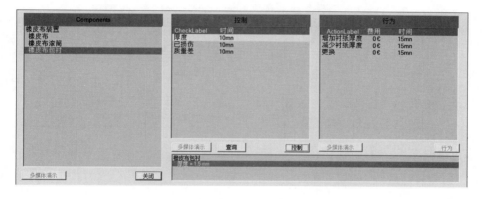

图 5-23　检查橡皮布包衬厚度

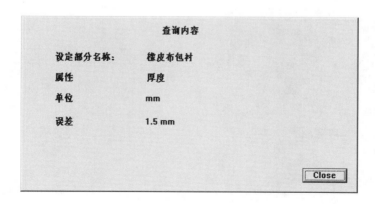

图 5-24　查询结果

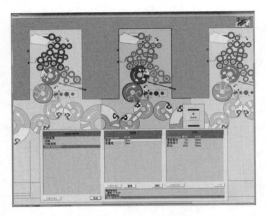

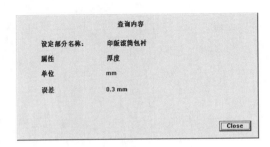

图 5-25　进入印版系统　　　　　　　　　　图 5-26　查询结果

步骤 7：调整印版包衬厚度。在"行为"中点击厚度减少，直至减至 0.3mm，如图 5-27 所示。

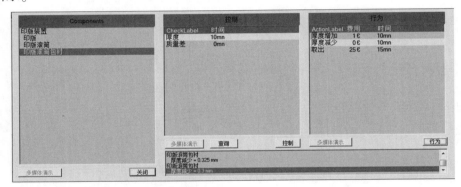

图 5-27　行为调节结果

步骤 8：再次检查印版表面情况。注意：通常印版包衬厚度过大，会造成印版表面磨损。点击印版，如图 5-28 所示，检查一下印版情况。在控制栏中选择表面磨损，检查结果是"是"，表明表面已经磨损。更换一套新版，如图 5-29 所示。在"行为"栏中，点

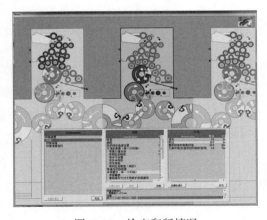

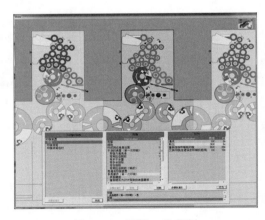

图 5-28　检查印版情况　　　　　　　　　　图 5-29　更换一块新版

击取出，完成一块新版的更换。

步骤9：开启印刷机。返回印刷机操作台，开启印刷机。

步骤10：重新取样。此时印样上的问题已经全部解决。

步骤11：点击操作台上"净计数器"开关，显示所有问题已经解决，退出软件即可。

任务评价

使用 Trace Editor 或 ASA 模块查看本次排障操作结果。理想的排障操作结果是：操作总成本应该控制在 850 欧元以内。

技能训练

技能训练操作记录见表 5-3。

表 5-3   技能训练操作记录表

序号	练习题题号	参考成本/欧元	练习者成本费用/欧元
1	Practice Workbook Unit-06D EX 06D-E	870	
2	Practice Workbook Unit-06A EX 06A-F	1200	
3	SHOTS Press Skills Assessment Skills Exercise 9	1200	
4	Task 01-Orientation to the Sheetfed Offset Press Task 1-Set 1 -GATF Problem9	1200	
5	Task 01-Orientation to the Sheetfed Offset Press Task 1-Set 1-GATF Problem 11	900	

2.2 印版的拆装

2.2.1 印版鉴别

胶印常用的印版为 PS 版（预涂感光板），版基金属材料是铝，厚度规格有 0.15mm、0.30mm、0.50mm 三种。

2.2.2 滚筒印版安装机构 （图 5-30）

2.2.3 印版拆装操作流程

（1）拆卸印版操作流程

① 反向点动印版滚筒至印版拖梢处，松开拖梢紧固版夹，如图 5-31 所示。

② 从版夹内取出印版拖梢边，如图 5-32 所示。

③ 继续反向点动至印版叼口，

图 5-30　滚筒印版安装机构结构图

图 5-31　松开拖梢紧固版夹

图 5-32　取出印版拖梢边

图 5-33　拉出印版

右手提起印版拖梢处缓慢拉出印版。注意不要擦掉印版图文，如图 5-33 所示。

④ 松开叼口版夹，取出印版和衬纸，如图 5-34 所示。

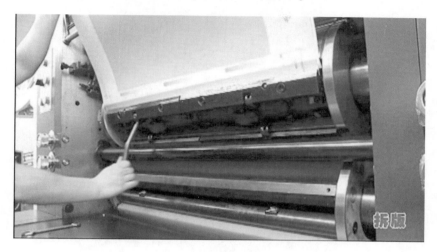

图 5-34   松开叼口版夹

（2）安装印版操作流程

① 正向点动至印版滚筒空挡处，如图 5-35 所示。

图 5-35   电动至印版空挡

② 把印版放入叼口夹板锁紧，正向点动印版滚筒，小角度旋转，便于下一步放衬纸，如图 5-36 所示。

③ 将衬垫纸整齐、平整、居中放入印版与滚筒之间，用以形成印版与橡皮布之间的压力，如图 5-37 所示。

④ 正向点动印刷机至印版拖梢处，使之平服紧密贴于滚筒表面，用装版扳手旋紧滚筒拖梢夹紧装置两端的方头夹紧轴，牢固夹紧印版，如图 5-38 所示。

⑤ 用扳手旋紧上面的一排螺柱，如图 5-39 所示。也是先中间后两边。最后空转一周，检查印版是否装牢。

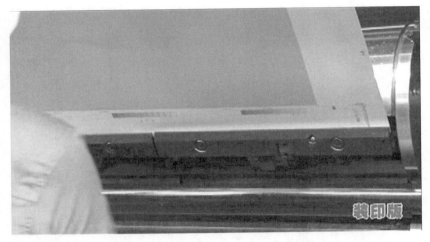

图 5-36 印版放入叼口夹板

图 5-37 放入衬垫纸

图 5-38 锁紧滚筒拖梢版夹

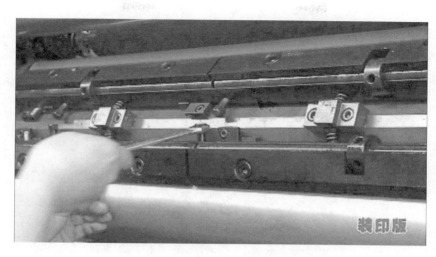

图 5-39　锁紧紧版螺柱

（3）安装印版时的注意事项

① 在拿 PS 版时要轻拿轻放，以防出现马蹄印。

② 装 PS 版前要分清叼口方向，版夹要居中。

③ 四根着墨辊在装版前一定要手动离压。

2.3　橡皮布的拆装

2.3.1　橡皮布鉴别

（1）橡皮布类型：普通橡皮布、气垫橡皮布。

（2）橡皮布丝缕方向的判断方法：

① 眼观法。新橡皮布一般有一条代表丝缕方向的横线。

② 手捏法。挺度大的为丝缕方向。

③ 抽丝法。能抽出完整丝条的为丝缕方向。

④ 拉伸法。弹性小的为丝缕方向。

⑤ 划痕法。划痕清晰的为丝缕方向。

2.3.2　橡皮滚筒橡皮布安装机构

橡皮布安装机构是蜗轮蜗杆机构，安装时用专用套筒扳手拧动蜗杆带动蜗轮转动，与蜗轮同轴的橡皮布张紧轴同时转动把橡皮布张紧，张紧后利用蜗轮蜗杆机构的自锁功能锁紧使橡皮布不会自动松弛。

2.3.3　橡皮布的拆装操作流程

（1）橡皮布的拆卸操作流程

① 用 16 号六角套筒扳手松开拖梢边蜗轮蜗杆机构，使橡皮布拖梢夹处脱开，如图 5-40 所示。

图 5-40　松开拖梢蜗轮蜗杆机构

② 用手将橡皮布拖梢夹拖起，如图 5-41 所示。

图 5-41　拖起拖梢夹

③ 反点印刷机至叼口边，将橡皮布缓缓拉出，如图 5-42 所示。

④ 从叼口处，取出橡皮布、衬纸，如图 5-43 所示。

（2）橡皮布的安装操作流程

① 在橡皮布上安装好板夹，如图 5-44 所示。

② 适当旋紧螺栓，使三个棱边处于同一平面，以便装衬纸和橡皮布，如图 5-45 所示。

③ 正向点动印刷机，轻轻把橡皮布平服压向橡皮滚筒表面，直到后铁夹位于可安装位置，如图 5-46 所示。

④ 将拖梢边螺栓旋紧张紧橡皮布，应先张紧橡皮布尾端，在张紧前端，顺序不要颠倒，如图 5-47 所示。检查橡皮布是否装好（检查平整度和松紧度）。

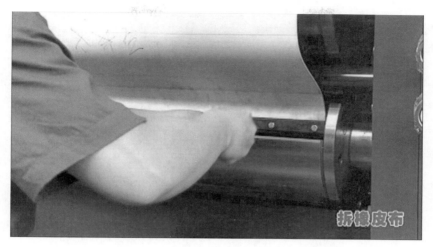

图 5-42　拉出橡皮布

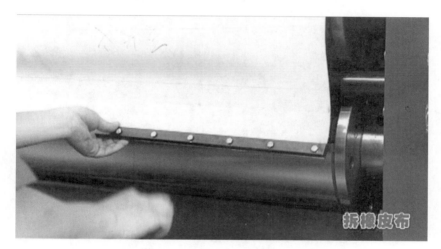

图 5-43　从叼口处取出橡皮布

图 5-44　安装橡皮布板夹

图 5-45 旋紧紧固螺栓

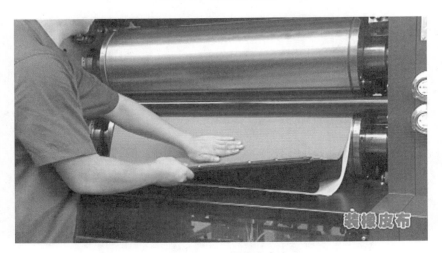

图 5-46 压服橡皮布

图 5-47 张紧橡皮布

（3）拆装橡皮布时的注意事项

① 正确判断橡皮布的丝缕方向与滚筒轴向垂直。

② 正确计算橡皮布衬垫的厚度。

③ 放衬垫时要理齐，居中平放，不能有折角和杂物。

④ 在拆装橡皮布时要注意不要碰伤橡皮布表面。

⑤ 装完橡皮布后要检查是否张紧。

考核评价模块

3.1 理论测试

（1）填空题

① 单张纸胶印机印刷装置三滚筒指的是_____，_____，_____，J2108 单张纸胶印机的滚筒排列形式为_____。

② 印刷压力调节的两种方法_____和_____。

③ 离合压类型可分为_____和_____；现代胶印机离合压类型基本上是_____。

④ 橡皮布厚度通常有_____、_____、_____、_____等规格。胶印机橡皮布厚度大多为_____。

⑤ 橡皮滚筒包衬可分为_____、_____、_____三种。其印刷压力分别为_____、_____、_____。

（2）选择题

① 关于装卸橡皮布的说法不正确的有（　　　）。

A. 装卸橡皮布，应保持橡皮布原有固定位置和具有较恒定的紧张拉力

B. 衬垫物要做到平服，没有位移、没有出褶和歪斜等现象

C. 更换新橡皮布，应在印完一批印件后再换，不宜在印刷中途更换

D. 拉伸橡皮布时，若拉伸较大者为经向，不易被拉伸者为纬向

② 下列说法正确的是_____。

A. 海德堡胶印机 SM52-4 能自动实现印版滚筒轴向位置和周向位置微调

B. 橡皮滚筒橡皮布装卡中，橡皮布的张紧是依靠蜗轮蜗杆机构实现的

C. 海德堡胶印机 SM52-4 橡皮滚筒的离压和合压是依靠偏心轴承来实现的

D. J4104 机橡皮滚筒与印版滚筒、压印滚筒压力调节也是依靠转动偏心轴承来完成的

E. 收纸链条咬牙在压印滚筒处咬纸和收纸台放纸时间早晚不能调节

③ 滚筒的利用系数为 0.6，表示_____。

A. 滚筒的工作部分占整个滚筒的 6/10

B. 滚筒的工作部分占整个滚筒的 4/10

C. 滚筒的工作部分占滚筒的空挡部分的 6/10

D. 滚筒的工作部分占滚筒的空挡部分的 4/10

④ 胶印机滚筒两侧滚枕（肩铁）的作用是_____。

A. 测量滚筒轴线平行　　　　　　　　　B. 测量滚筒中心距和包衬厚度

C. 测量印刷压力　　　　　　　　　　　D. 测量齿轮啮合程度

⑤ 当橡皮滚筒与其余两滚筒同时离合压时，应保证_____。

A. 滚筒的空挡角大于滚筒的排列角　　B. 滚筒的空挡角小于滚筒的排列角

C. 滚筒的空挡角等于滚筒的排列角　　D. 滚筒的空挡角与滚筒的排列角无关

⑥ 采用双倍径压印滚筒的印刷机，其压印滚筒上有_____咬纸牙排。

A. 1 套　　　　　　B. 2 套　　　　　　C. 3 套　　　　　　D. 以上答案都不对

⑦ 单张纸胶印机，采用三滚筒等径的印刷装置时，三滚筒传动齿轮的传动比 $i =$ _____。

A. $i = 1$　　　　　B. $i = 2$　　　　　C. $i = 3$　　　　　D. 以上答案都不是

⑧ 单张纸印刷时，在印版和纸张等承印物前端留出的空白边称为咬口。通常情况下，印版的咬口尺寸为_____。

A. 7mm 左右　　　B. 30mm 左右　　　C. 60mm 左右　　　D. 以上都不对

⑨ 我们通常所说的"借滚筒"是指_____。

A. 印版位置的调节　　　　　　　　　　B. 印版滚筒的周向大量调节

C. 印版滚筒的轴向调节　　　　　　　　D. 以上答案都不对

⑩ 手动装版机构中，我们通常所说的"校版或拉版"是指_____。

A. 印版位置的调节　　　　　　　　　　B. 印版滚筒的周向调节

C. 印版滚筒的轴向调节　　　　　　　　D. 以上答案都不对

⑪ 下列哪些滚筒是没有调压机构：_____。

A. 印版滚筒　　　B. 橡皮滚筒　　　C. 压印滚筒　　　D. 传纸滚筒

⑫ 下列哪些滚筒的空挡装有咬牙排：_____。

A. 印版滚筒　　　B. 橡皮滚筒　　　C. 压印滚筒　　　D. 传纸滚筒

⑬ 单张纸胶印机的三滚筒指的是_____。

A. 印版滚筒　　　B. 橡皮滚筒　　　C. 压印滚筒　　　D. 传纸滚筒

（3）判断题

（　　）① 新更换的橡皮布及衬垫应在运行一段时间后再调整印刷压力。

（　　）② 机组式双面胶印机纸张在传送过程中，各滚筒咬纸牙总是咬着纸张的咬口。

（　　）③ 印版滚筒周向位置（大量）调节，俗称借滚筒，是通过改变印版滚筒和橡皮滚筒在圆周方向的相对位置，从而改变图文印在纸上的位置。

（　　）④ 在单张纸多色胶印机色组之间的传纸形式中，公共压印滚筒咬牙传纸较传纸滚筒咬牙传纸的传纸时间长，有利于提高印品质量。

（　　）⑤ 在"走肩铁"的印刷机印刷压力调节过程中，应该先调节橡皮滚筒与压印滚筒的中心距，然后再调节印版滚筒与橡皮滚筒的中心距。

（　　）⑥ 保证相同的印刷压力，软包衬的压缩量应该比硬包衬压缩量大。

（　　）⑦ 顺序离合压滚筒的空挡角必须大于滚筒的排列角。

（　　）⑧ 印版包衬增加与承印物厚度增加都会使图文变长。

（　　）⑨ 在离合压机构中，所谓三点悬浮就是在滚筒轴的两端各由三个支撑点支撑，取消了偏心轴套结构。

（4）简答题

说明套准过程中，借滚筒、拉版调节的工作原理。

（5）计算题

已知：J2108 胶印机的印版滚筒肩铁直径 299.8mm，筒体直径 299mm，印版 0.3mm，衬垫 0.4mm，橡皮滚筒肩铁直径 300mm，筒体直径 293.5mm，橡皮布和衬垫总厚度 3.35mm，压印滚筒肩铁直径 299.5mm，筒体直径 300mm，印刷纸张厚度取 0.1mm，合压时的肩铁间隙 $C_{P \cdot B} = C_{B \cdot I} = 0.2$mm。

① 求：合压时，橡皮滚筒与压印滚筒的最大压缩量 λ_{BI}，橡皮滚筒与印版滚筒的最大压缩量 λ_{PB}。

② 在保持上述印刷压力不变的条件下，印刷纸张厚度为 0.15mm 时，求滚筒的中心距 A_{PB}、A_{BI}。

3.2　实操考评

技能操作考评记录见表 5-4。

表 5-4　　　　　　　　　　　技能操作考评记录表

考评内容	分值	评分标准	扣分	得分
印版检查	10	印版识别、故障分析		
拆印版操作	20	安全操作、操作规范		
装印版操作	20	安装正确、操作规范		
橡皮布检查	10	橡皮布丝缕方向识别、故障分析		
拆橡皮布操作	20	安全操作、操作规范		
装橡皮布操作	20	安装正确、操作规范		
合计得分				
实训效果评价等级				
实训指导教师意见				

项目六　　收纸装置调节

项目导入

收纸是印刷机完成一个印刷过程的最后一道工序。单张纸胶印机，把纸张从压印滚筒咬牙接过来，输送到收纸台上，并理齐和堆积成垛的装置称为收纸装置。项目中要了解收纸滚筒的作用、种类及结构；收纸链条与导轨的要求、结构；收纸链条咬牙排咬纸牙开闭凸轮的结构；收纸链条松紧调节的方法；气垫、喷粉等装置的工作原理。掌握收纸机构各部件工作原理及调节方法。

知识目标

① 熟悉收纸装置作用和种类
② 熟悉收纸装置组成及原理
③ 熟悉收纸传送装置组成及原理
④ 熟悉喷粉装置的结构原理
⑤ 熟悉收纸台升降机构组成及原理

技能目标

① 掌握收纸机构 SHOTS 模拟调节操作
② 掌握喷粉装置 SHOTS 模拟调节操作
③ 掌握中景 PZ1740E 收纸机构的调节

考核评价

① 理论测试
② 实操考评

知识技能树

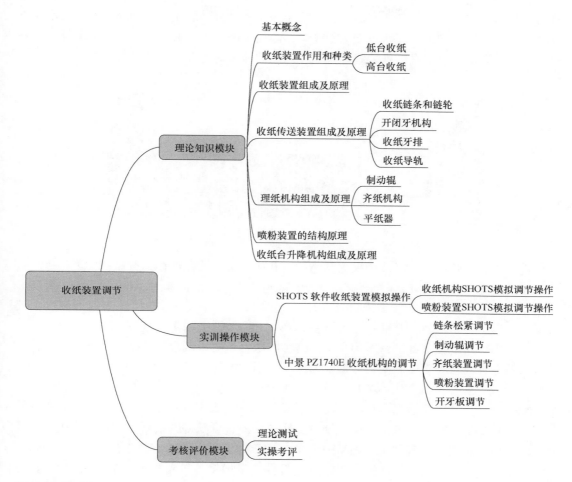

理论知识模块

1.1　基本概念

（1）低台收纸　收纸容量较少的收纸台。

（2）高台收纸　收纸容量较多的收纸台。

（3）收纸牙排　在收纸过程中，咬住纸张并把纸张向前传递的机构。

（4）收纸滚筒　在收纸过程中，用于支撑纸张，便于纸张交接的滚筒。

（5）制动辊　在收纸过程中，对纸张进行减速的一种机构。

（6）平纸器　在收纸过程中，使纸张表面平整的一种机构。

（7）开牙板　在收纸过程中，使收纸牙排开牙放纸的机构。

1.2　收纸装置作用和种类

单张纸胶印机收纸装置的作用是把已经完成印刷的印张从印刷装置的压印滚筒上接过

来，传送到收纸台，理纸机构把印刷品闯齐，堆叠成垛，收纸机构工作原理如图 6-1 所示。胶印机如果没有完善的收纸装置，是不能实现高速化的。对单张纸胶印机的收纸装置有以下几点要求：①印刷品印刷面朝上，便于操作者观察和防止印品蹭脏。②收纸堆应堆放整齐、便于后序加工。③印张纸边不撕口、画面不蹭脏。④便于高速印刷下取样。⑤停机时间少，有不停机更换纸堆装置。⑥收纸适用性强，对各种类型的纸都能收齐。

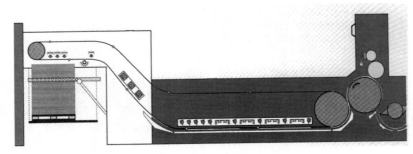

图 6-1　收纸机构原理示意图

现代单张纸胶印机收纸装置根据其结构、几何位置、传输链排运行轨迹、纸张传送路线、收纸堆容量可分为高台收纸和低台收纸两种。

（1）低台收纸　低台收纸堆设置在压印滚筒的下方，一般低于压印滚筒的高度，其收纸堆高度一般不超过 600mm，如图 6-2 所示。低台收纸的主要优点是机器结构紧凑、占地面积小，对纸堆下部纸张影响小。但这种收纸台机更换纸台次数多，劳动强度大，准备时间长并且取样观看印品质量时需下蹲操作，不太方便。

（2）高台收纸　高台收纸堆的高度可达 900mm 以上，它并列于印刷装置单独成为一个单元，收纸输送链排沿相当长的曲形导轨输送纸张，如图 6-3 所示。高台收纸的主要优点是收纸容量大、看样取样方便，纸台更换次数少，可配备副收纸台实现不停机更换纸台。由于输纸路线长，有利于印刷品的干燥，便于安装干燥装置。现代单张纸高速胶印机大多采用高台收纸。高台收纸的主要缺点是机件数量增多，机器长度增加，占地面积大，由于纸堆容量大，纸堆下部的纸张可能有粘连现象。

图 6-2　低台收纸

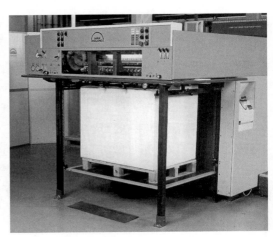

图 6-3　高台收纸

1.3　收纸装置组成及原理

单张纸胶印机收纸装置一般由收纸滚筒、收纸传送装置、理纸机构、收纸台升降机构及其他附属机构等组成。

收纸滚筒区别于压印滚筒等实际滚筒体，它实质是由左右两端用于驱动收纸链条、收纸牙排的驱动链轮盘并且支撑纸张而又能防止印品增脏的相关部件组合而成的空心体。它在收纸过程中主要有以下三个职能：①完成与压印滚筒的交接，接过印好的印张；②驱动收纸链条及收纸牙排；③作为纸张的支撑体。

单张纸胶印机收纸滚筒按照它防蹭脏原理的不同可分为以下几种类型：

（1）传统防污式收纸滚筒　如图6-4所示是传统防污式收纸滚筒结构图，收纸滚筒两端的圆盘上有若干个孔，在孔中安装有几根防赠脏滑轮杆，在每根杆上装有若干个橡胶托纸滑轮，该滑轮可根据印刷画面空档调节轴向位置。防蹭脏滑轮杆还可在收纸滚筒上调换位置，任意选择。

图6-4　传统防污式收纸滚筒

传统防污式收纸滚筒结构简单、操作方便，但在印刷满版画面时，防蹭脏橡胶轮无法使用，也无处可移。特别是防蹭脏橡胶轮使用一段时间后会变形涨大，造成滑轮在滑杆上来回跑动，不能定位。为了防止橡胶滑轮用久以后变形对防蹭脏的影响，现在有些收纸滚筒上的防蹭脏轮是用金属制成的，俗称星形轮式收纸滚筒，这种收纸滚筒上的防蹭脏轮不但随收纸滚筒公转，还可以自转，滑轮可以在滑杆上自由移位。这种收纸滚筒虽比橡胶滑轮收纸滚筒有所改进，但由于防蹭脏轮是用金属制成的，托轮太尖，容易划破印品，工作时噪声也很大。

（2）按键式收纸滚筒　如图6-5所示是海德堡按键式（骨架式）收纸滚筒，由几个支撑轮套在收纸滚筒轴上组成。支承轮表面装有许多小凸块，这些凸块表面光滑，并可根据需要按下去（犹如按键一样）。按键式支承轮的结构如图6-6所示。

凸块受到弹簧向上的撑力，它在伸出时受到支承轮体外圈的限制。当按下凸块时，凸块与支承轮体上的斜面间产生相对滑动，弹簧受压缩，凸块下移到其上的小凸起被支承轮体上的另一凸起轮圈所限制为止。具有弹性的塑料薄片能向外退让，如需使按下的凸块伸出，可将凸块向塑料片一方扳动，凸块的凸块便离开支承轮的凸起轮圈，在弹簧的作用下

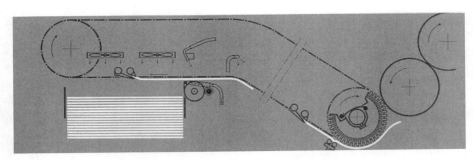

图 6-5　按键式（骨架式）收纸滚筒

图 6-6　按键式支承轮

伸出至正常位置。这种收纸滚筒既可以移动支承轮在轴上的位置，以便使支承轮的表面与印品空白或图文很少的区域接触，还可以按下某些凸块，因此即使印品这一区域上某些地方有较厚的油墨，也可以不接触到支承轮的表面。支承轮靠一根弹簧片紧绷在轴上，移动和取下都很方便。

（3）玻璃球布式收纸滚筒　收纸滚筒表面贴有一张玻璃球布或砂纸，依靠玻璃球面尖点托着印刷品表面，从而起到防蹭脏的作用。玻璃球布上的球体用肉眼是看不出来的，只能通过高倍的放大镜才能看到，球体的排列是不规则的。玻璃球布长时间使用后，油墨渐渐把球体与球体之间的缝隙填平，此时就起不了防蹭脏的作用。一张玻璃球布可以用于 500 万~800 万印张，然后用汽油刷洗或更换。有些印刷机收纸滚筒上包裹的是超级蓝布，如图 6-7 所示，其工作原理与玻璃球布相似。

（4）气垫式收纸滚筒　如图 6-8 所示是气垫式收纸滚筒工作示意图，气垫式收纸滚筒有坚固的铝制筒体，筒体外面包裹着一层可以透气的外套。空气经吹送通过透气罩形成气垫，支持着由叼纸牙系统传送来的刚完成印刷的纸张，此时纸张与收纸滚筒表面没有直接接触，从而避免了印品的蹭脏。

对于印刷大墨量印刷品，特别是包装制品、商标以及海报等，若采用前面几种收纸滚筒，并将支承轮或导向轮调整到无

图 6-7　玻璃球布式收纸滚筒

图像区，不蹭脏刚印刷完的画面几乎是不可能的事，因此气垫式收纸滚筒是一个理想的选择。

（5）吸气导板式收纸滚筒　吸气导板式收纸滚筒的工作原理与气垫式收纸滚筒相反，它不是把印刷品吹起来，而是把印刷品吸向导板，如图 6-9 所示。吸气导板式收纸滚筒在滚筒排列角上做了特殊处理，即在压印滚筒叼牙叼着纸张印刷完毕后，才将纸张传递给收纸滚筒，这样收纸滚筒的叼牙从橡皮滚筒叼纸时就不需要很大的剥离力。

图 6-8　气垫式收纸滚筒

图 6-9　吸气导板式收纸滚筒

1.4　收纸传送装置组成及原理

1.4.1　收纸链条和链轮

在收纸滚筒的两端装有链轮，在链轮上有收纸链条，当收纸滚筒转动时就会带动收纸链条运动。收纸链条必须有足够高的精度和耐磨性能、收纸链条噪声要小、重量要轻、圆弧过渡要大、链排的数量要少。收纸链条工作时的平稳性直接影响收纸的质量，特别是链条工作一段时间后可能有松动现象，导致其振动和噪声加大，使印品在传递过程中有划伤和蹭脏现象，因此，收纸链条必须有张紧机构，印刷机上通常是改变链轮之间的中心距来张紧链条的。为了减小收纸链条的磨损，链条必须润滑，印刷机中通常用滴油的方法给链条润滑。

1.4.2　开闭牙机构

收纸过程中收纸牙排的开牙和闭合是靠开闭牙机构来实现的。如图 6-10 所示是开牙板结构图，当收纸牙排上的滚子与开牙板的高点接触时，收纸牙排开牙放纸；当收纸牙排上的滚子与开牙板的低点接触时，收纸牙排在弹簧的作用下闭合。开牙板通过几个螺栓与墙板相连，开牙板上留有长孔，便于开牙板位置的调节。图

图 6-10　开牙板机构

中箭头所指的是开牙板的调节结构，通过此机构可以改变开牙板的位置，从而实现牙排开牙早晚的调节。

1.4.3　收纸牙排

收纸牙排的作用是把压印滚筒上的纸交接过来，并在收纸链条的作用下传送到收纸台上方。收纸牙排需要借助开牙板和闭牙板才能开牙或闭合。收纸牙排的收纸时间和牙排咬纸力的大小是可以调节的，如果调节不当就可能造成撕纸或收纸不畅等收纸故障。收纸时可以通过改变开牙球与开牙凸轮的相对位置和改变牙排里面弹簧的压缩量来解决上述问题。收纸牙排在工作时部件间有一定的相互运动，摩擦较为严重，所以要定期给牙排润滑，收纸牙排上有加油孔，要定期用油枪在此加油。

1.4.4　收纸导轨

收纸链条架着链排是在导轨中运动的，导轨在设计时结构的优劣对机器的噪声大小有着重要影响，因此设计导轨时应考虑下列因素：①由于链条长期运转磨损，链节长度增长，在设计导轨时收纸端一般设计是不封闭的，由长槽进行调节。②导轨的运行部分周长和收纸链条的周长应保持一致，也就是说收纸链条的轨迹是由导轨来决定的。③为了减少收纸链条的磨损，并减少链条的噪声，所有导轨的连接应是圆弧连接，圆弧越大越好。④五滚筒排列的胶印机，收纸滚筒下边导轨倾角应大于40°，以防止低速运转时印刷薄纸下溜。⑤为了保证纸张平稳交接，在交接处应是上下导轨。

1.5　理纸机构组成及原理

1.5.1　制动辊

现代单张纸胶印机收纸链排传递纸张的速度已达到 1.5～3.4m/s，甚至更高，如果以这样高速度冲向前齐纸，纸张前边缘很易受到冲击而皱折，另一方面也很难使纸张堆放整齐。

现代高速胶印机多数采用气动式制动辊来减缓纸张皱折，如图 6-11 所示。制动辊的速度低于链排纸张速度的 40%～50%，由于负压作用和速度减低，对纸张产生一个向后的拖力，使纸张尾端不致在转弯处飘起，链排放开纸张后将纸张收齐。

图 6-11　气动式制动辊

现代高速胶印机（10000 张/h 以上）要收齐纸张，单靠制动辊吸风是不够的，特别是薄纸，要求在极短的瞬间，前一张纸立即飘落收纸台，否则第一张纸还未下落，第二张纸的前端就会顶到第一张的尾部。因此必须在收纸上方增加电风扇或吹风管，加压风量迫使纸张快速下降。

1.5.2　齐纸机构

纸张齐纸机构包括前齐纸和侧齐纸两种机构。牙排开牙后，纸张已处于非约束状态，因各种因素的影响，每一张纸到达收纸堆上的位置不可能完全一样，但最后在收纸堆处希望它们尽可能在同一位置。这个过程就是由前齐纸机构来实现，如图 6-12 所示。当纸张要落到收纸堆上时，前齐纸板后摆，落稳后，前齐纸板再回摆，与纸张的叼口处相碰，推动纸张，使其前口齐平，当第二张纸过来时，它又开始向后摆。

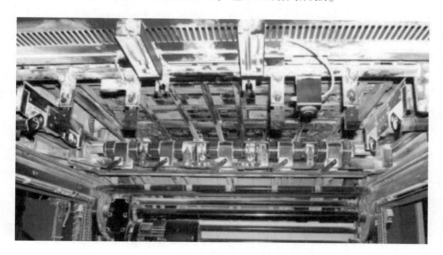

图 6-12　齐纸机构

1.5.3　平纸器

印刷工业中由于印品自身印刷要求或降低运输成本的需要，大量采用薄纸印刷。但轻型薄纸的印刷给印刷机高速运行带来很多困难，特别是在承印具有大画面、大墨量的轻型纸张或使用高黏度的油墨时，当压印滚筒叼牙叼着纸张把印刷品从橡皮滚筒上剥离下来时，印刷品就会出现卷曲，在高速状态下很难实现高速收纸。由于收不齐纸张，不得不降低印刷机的速度，从而影响生产效率。不但如此还影响印刷品的质量，甚至出现蹭脏现象。印刷机收纸过程中是通过平纸器来解决上述问题的。

1.6　喷粉装置的结构原理

高速印刷机印刷铜版纸一类的产品时，纸张进入收纸台时油墨尚未干燥，一经堆积，造成纸张与纸张之间粘连，使纸张画面损坏或纸张背面蹭脏。为此，一些多色平版印刷机的收纸台上方，装有喷粉装置，在纸张表面喷上一层极薄的粉末，使油墨与印刷品背面不发生直接接触。

1.7   收纸台升降机构组成及原理

印刷机收纸台升降机构在印刷过程中应该实现三项功能，即自动下降、连续升降、手动升降。

1.7.1   自动下降

在印刷机的侧齐纸上面有一个微动开关，如图6-13所示，微动开关比侧齐纸板平面

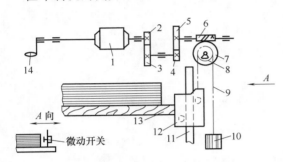

图6-13   收纸台升降原理
1—电机   2、3、4、5—齿轮   6—蜗杆   7—蜗轮
8—链轮   9—链条   10—重物   11—导轨
12—滚子   13—收纸台   14—手柄

要高，当收纸堆收到一定的高度后，收纸堆的上面部分刚堆积起来的纸张就会碰到侧齐纸板上面微动开关，接通继电器，使收纸台升降电机1转动，电机转动时带动齿轮2、3、4及齿轮5，使蜗杆6旋转，蜗杆6带动蜗轮7旋转，升降链轮轴与蜗轮轴是同一根轴，通过链轮8使收纸升降链条9带动收纸台13下降，每次下降15~20mm。当收纸台下降后，微动开关停止触动，电机马上停止转动，收纸台链条下降停止。收纸台升降的速度不能太快，以1.8m/min上下为适宜。为了保证收纸台升降时的自锁能力，在收纸台升降机构传动系统中设计有一对单头蜗杆蜗轮机构。这样，无论收纸台上有多少纸，收纸台也不会自动下降。

现在有些先进的印刷机收纸台的自动下降不是靠微动开关来控制的，而是通过光电来控制（或电容）。收纸台在正常高度时，从发射器里面发射出来的光被接收器接受，纸台升降电机断电，收纸台停留在正常收纸高度；当收纸高度超过正常高度时，从发射器中发射出来的光被纸堆挡住，未被接收器接受，纸台升降电机通电，带动收纸台下降。

1.7.2   连续升降

收纸台收满纸张后需要更换纸台，将收纸台连续升到所需高度或连续降到地面。在收纸操纵按钮上设计有点动升或点动降按钮，如果按下点动按钮不放，收纸台就会连续上升或下降。点动按钮和侧齐纸的微动开关路线串联在一起，都可触动电机旋转，而且传动系统相同。

1.7.3   手动下降

由于机械故障或停电，需要将收纸堆降下来时，就要用手工的方法来实现。

收纸机构中的辅助装置包括防止纸张粘脏和蹭脏的装置、纸张平整器、加速纸张落入纸堆的风扇、辅助收纸板等。对单张纸平版印刷机收纸装置的要求如下：①收齐堆齐纸堆，不能损伤和蹭脏印刷品。②能不停机收纸，提高效率。③能适应高速印刷需要，同时要便于安全取样。

实训操作模块

2.1　收纸机构 SHOTS 模拟调节操作

任务引入

完成 SHOTS 练习题中题号为《Practice Workbook Unit-01A EX 01A-J》的故障分析排除任务。

任务分析

分析排除任务题目《Practice Workbook Unit-01A EX 01A-J》的主要思路是：

第一，在开启题目时，仔细阅读"练习者信息"栏内容。

第二，在 SPS 栏中打开本次任务"工作单"并仔细阅读，明确本次任务中需要排除的故障层级数为 1/1。

第三，开机前一定要参照"标准操作流程"进行检测排查纠正相关设置状态，尽可能避免因印刷环境，印刷材料、印刷机开机前预设置状态的不当引起的故障，保障开机运行的安全。

第四，依据本次取样结果，再参考故障"诊断"栏内容，得出故障可能是由收纸堆问题造成的。

任务实施

分析排版任务题目《Practice Workbook Unit-01A EX 01A-J》的主要步骤如下。

步骤 1：取样张。首先，打开软件，选择好题目后开启题目。开机后，点击取样，取样结果显示不走纸。返回操作台，关机。

步骤 2：在前期的标准流程操作中的开机前检查时，发现主收纸堆已满。如图 6-14 所示。

步骤 3：点击进入收纸堆，点击主纸堆降下。如图 6-15 所示。其中，图 6-15（a）为收纸堆操作界面图，图 6-15（b）为收纸堆升降操作按键局部放大图。

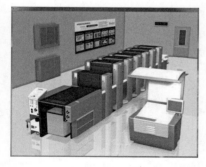

图 6-14　主收纸堆已满示意图

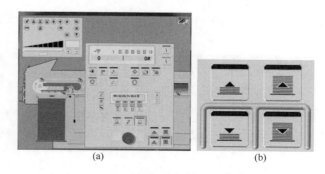

（a）　　　　　　　　　　（b）

图 6-15　降下主收纸堆操作示意图

步骤 4：清空主收纸堆。点击主收纸堆，如图 6-16（a）所示。在行为栏中点击取走纸堆，加入空堆纸板，如局部放大图 6-16（b）所示。

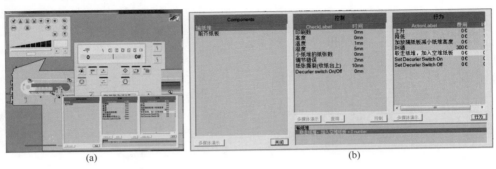

图 6-16　清空主收纸堆操作示意图

步骤 5：点击主收纸堆上升，升起主收纸堆，如图 6-17 所示。其中，图 6-17（a）为主收纸堆升降操作界面图，图 6-17（b）主收纸堆升降操作按键局部放大图。

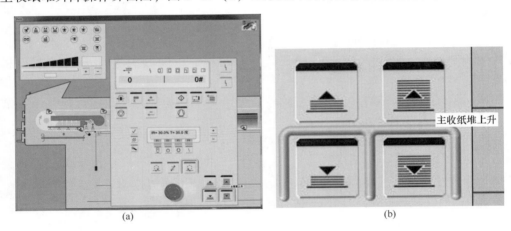

主收纸堆上升

图 6-17　升起主收纸堆操作示意图

步骤 6：双击生产按钮，重新开启印刷机，发现已经可以正常走纸了，如图 6-18 所示。

步骤 7：重新取样，发现印刷样张质量已经正常了，如图 6-19 所示。

步骤 8：点击净计数器开关。系统提示练习完成。点击"是"，完成练习，如图 6-20 所示。

图 6-18　重新开启印刷机

图 6-19　重新取样

图 6-20　结束练习

任务评价

使用 Trace Editor 或 ASA 模块查看本次排障操作结果。理想的排障操作结果是：操作总成本应该控制在 30 欧元以内。

技能训练

技能训练操作记录见表 6-1。

表 6-1　　　　　　　　　　　　　技能训练操作记录表

序号	练习题题号	参考成本/欧元	练习者成本费用/欧元
1	Practice Workbook Unit-05A EX 05A-A	30	
2	JC1-1-1	50	
3	JC1-1-2	50	
4	JCI-1-3	50	
5	JC1-1-4	50	

2.2　喷粉装置 SHOTS 模拟调节操作

任务引入

完成 SHOTS 练习题中题号为《Practice Workbook Unit-01A EX 01A-J》的故障分析排除任务。

任务分析

分析排除任务题目《Practice Workbook Unit-01A EX 01A-J》的主要思路是：

第一，在开启题目时，仔细阅读"练习者信息"栏内容。

第二，在 SPS 栏中打开本次任务"工作单"并仔细阅读，明确本次任务中需要排除的故障层级数为 1/1。

第三，开机前一定要参照"标准操作流程"进行检测排查纠正相关设置状态，尽可能避免因印刷环境、印刷材料、印刷机开机前预设置状态的不当引起的故障，保障开机运行的安全。

第四，依据本次取样结果，再参考故障"诊断"栏内容，得出故障可能是由喷粉装置问题造成的。

任务实施

分析排除任务题目《Practice workbook Unit-01A EX 01A-J》的主要步骤如下。

步骤 1：取样张。首先，打开软件，选择好题目后开启题目。前期的操作请参照标准流程。开机后，点击取样，取出的样张，如图 6-21 所示。返回操作台，关闭走纸。

步骤 2：比较印样和标样，点击看样台上的印样和标样比较功能项，呈现现实印张和标样的对比图，可以看到，印张上正面正常。再查看印张背面，发现背面蹭脏。背面蹭脏分为两大类：第一类是只有黑色的蹭脏，这是由于干燥温度过低或喷粉装置的问题导致的。第二类是所有颜色都蹭脏，这是由于油墨干燥性问题导致的。

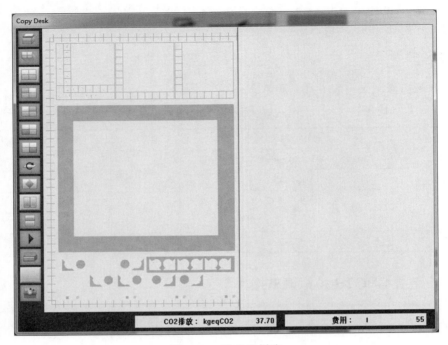

图 6-21　取出的样张

步骤 3：印张故障精细诊断。点击印张分析，提示我们需要检查干燥温度和喷粉装置。

步骤 4：检查干燥温度。在收纸面板上，可以看到干燥温度 $T=35.0℃$，如图 6-22 所示。这一数值与标准值相同，因此没有问题。

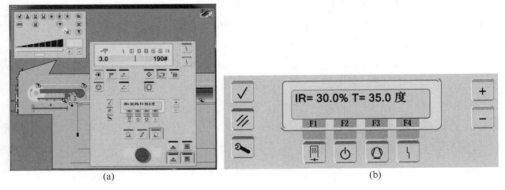

(a)　　　　　　　　　　　　　　　(b)

图 6-22　检查干燥温度

步骤 5：检查喷粉装置。进入喷粉装置后，依次检查粉附着量、喷粉长度、喷嘴是否堵塞、粉盒中的粉量、粉的类型，如图 6-23 所示。检查发现，粉盒中的粉量达不到要求，标准值应该是 12.5L，而实际只有 4L。在行为栏中，点击装入喷粉，添加粉量，如图 6-24 所示。

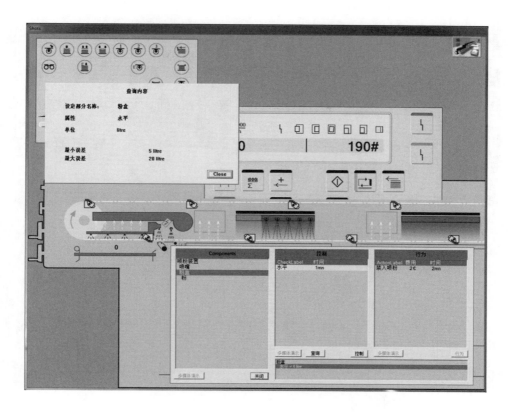

图 6-23　检查喷粉装置

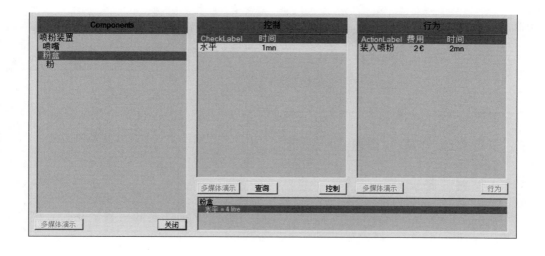

图 6-24　喷粉装置添加粉量操作

步骤 6：重新开机，重新取样，可以看到，问题已经解决，如图 6-25 所示。

步骤 7：点击净计数器开关，系统提示练习完成。点击"是"完成练习。

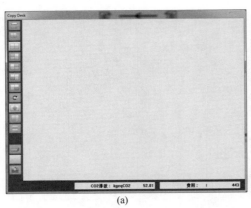

(a)　　　　　　　　　　　　　　(b)

图 6-25　重新取样效果

（a）样张背面　（b）样张正面

任务评价

使用 Trace Editor 或 ASA 模块查看本次排障操作结果。理想的排障操作结果是：操作总成本应该控制在 200 欧元以内。

技能训练

技能训练操作记录见表 6-2。

表 6-2　　　　　　　　　　　　　　技能训练操作记录表

序号	练习题题号	参考成本/欧元	练习成本费用/欧元
1	《Practice Workbook Unit-05A EX 05A-C》	230	
2	《Practice Workbook Unit-01A EX 05A-D》	700	
3	《Practice Workbook Unit-01A EX 05A-E》	340	
4	《Practice Workbook Unit-01A EX 05A-G》	200	
5	JCI-6-1	200	

2.3　中景 PZ1740E 收纸机构的调节

2.3.1　链条松紧调节

利用套筒工具，对收纸链条中齿轮位置进行调节，从而实现收纸台链条松紧程度调节，如图 6-26 所示。

2.3.2　制动辊调节

收纸制动辊（牵引车）在收纸过程中的作用是：当纸张被传送到收纸台途中，由纸张制动辊吸住并且平稳的送到收纸台上。制动辊由吸气辊装于一根轴上组成，如图 6-27 所示。吸气辊的气量可以用传动侧气阀上的手柄来控制，如图 6-28 所示。

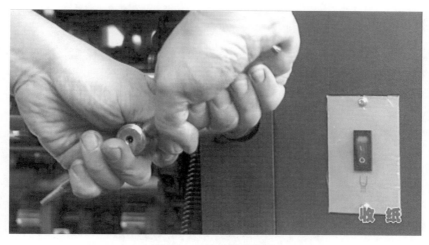

图 6-26　链条松紧调节

图 6-27　制动辊上的吸气辊

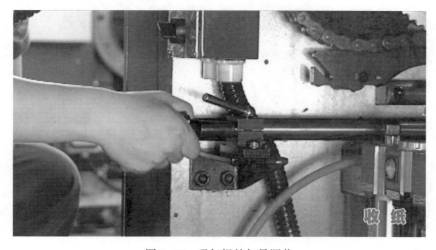

图 6-28　吸气辊的气量调节

2.3.3　齐纸装置调节

齐纸装置主要有两个位置的调节：①前齐纸的调节用来整理刚落下的纸张，使之在收纸堆两侧整齐、前后整齐。齐纸块可以根据印张的幅面大小进行调节，调节时两侧齐纸只需松、紧其下方的螺丝，后齐纸可根据靠身边墙板上的手柄来调节，如图6-29所示。②侧齐纸的调节。松开侧齐纸板，锁定旋钮，进行侧齐纸板左右位置调节，如图6-30所示。

图6-29　前后齐纸板调节

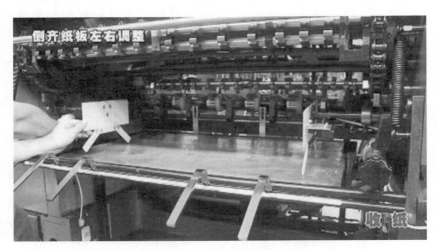

图6-30　侧齐纸板调整

2.3.4　喷粉装置调节

喷粉主要是防止印品蹭脏的。喷粉时间长短（喷粉量大小）可按印张幅面来调节：先松开喷粉凸轮上锁紧螺丝，然后参照刻度来调节即可。喷粉装置调节主要有：①喷粉量的调节。②喷粉位置的调节。

2.3.5 开牙板调节

开牙板是用来控制收纸牙排放纸时间的，一般要依据纸张的厚薄、机器速度的快慢、在通过靠近收纸台墙板内的控制手柄来调节早放纸或晚放纸，如图 6-31 所示。

图 6-31　开牙板调节

考核评价模块

3.1 理论测试

（1）填空题

① 齐纸机构的作用是_____。

② 开牙板的作用是_____。

③ 纸台升降机构功能主要有_____、_____、_____。

④ 收纸滚筒的种类目前主要有_____和_____两种。

⑤ 印张平整器的作用是_____。

⑥ 齐纸机构主要由一块固定侧齐纸板、一块_____、_____和后齐纸机构。

⑦ 收纸机构中压纸风扇的作用是_____。

（2）选择题

① 在某些机器的收纸部件中采用副收纸板装置，可以_____。

A. 使印刷质量提高　　　　　　　B. 在不停机时收纸

C. 调节收纸台的位置　　　　　　D. 提高印刷速度

② 下列_____需要使用吹气。

A. 防粘装置（喷粉）　　　　　　B. 吸气轮减速机构

C. 印张平整器　　　　　　　　　D. 收纸台自动升降机构

③ 低台收纸方式的单张纸单色平版胶印机一般共有_____咬牙排。

A. 1 套　　　　　　B. 2 套　　　　　　C. 3 套　　　　　　D. 以上答案都不是

④ 印刷速度降低，链条咬牙放纸时刻应_____。

A. 提早开牙   B. 延迟开牙

C. 不需要改变   D. 以上答案都不对

（3）判断题

（   ）① 喷粉装置的作用是为了防止纸张背面蹭脏。

（   ）② 侧齐纸机构在齐纸过程中是固定不动的。

（   ）③ J2108 机的收纸方式是高台收纸。

3.2 实操考评

技能操作考评记录见表 6-3。

表 6-3   技能操作考评记录表

考评内容	分值	评分标准	扣分	得分
收纸堆调节操作	20	收纸故障排除		
喷粉调节操作	20	喷粉故障排除		
收纸机构调节	10	链条松紧调节		
	10	制动辊的调节		
	10	齐纸装置的调节		
	10	喷粉装置的调节		
	10	开牙板的调节		
开机操作	10	开机运行操作正常		
合计得分				
实训效果评价等级				
实训指导教师意见				

项目七　智能控制系统调节及印刷综合操作

项目导入

　　印刷机的智能控制技术最早可以追溯到20世纪70年代。从最早的德国罗兰公司成功地研制出了多色胶印机遥控装置，到后来的印品质量计算机控制系统，海德堡公司推出了CPC印刷遥控系统。经过40多年的发展，印刷机智能控制技术经历了由起初的仅仅对油墨及套准的控制，发展到全数字化的对整个印刷机工作状态的全面控制，以及通过网络技术的应用，实现了对印前、印刷和印后全部工作过程。在最新胶印机智能控制系统中，甚至可以实现无人化的智能控制操作。本项目主要海德堡印刷机智能控制系统为例，掌握单张纸胶印机智能控制系统组成，熟悉单张纸胶印机的综合操作。

知识目标

　　① 熟悉胶印机智能控制系统的类型及名称
　　② 熟悉CPC系统的定义及组成
　　③ 熟悉CP2000系统组成及控制台功能

技能目标

　　① 掌握墨色调节SHOTS综合模拟操作
　　② 掌握中景PZ1740E印刷综合操作

考核评价

　　① 理论测试
　　② 实操考评

知识技能树

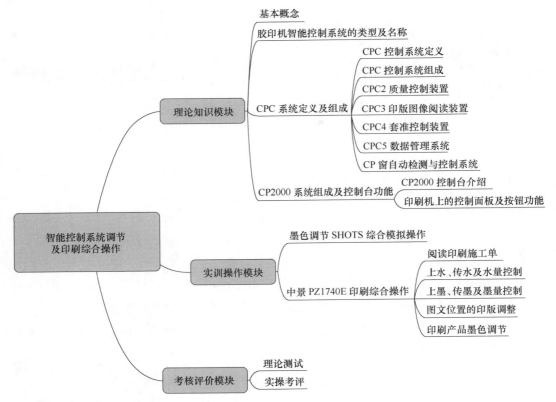

理论知识模块

1.1　基本概念

（1）CPC　计算机印刷控制系统 CPC（Computer Printing Control）。

（2）JDF　作业定义格式 JDF（Job Definition Format）。

（3）PPF　印刷生产格式 PPF（Print Production Format）。

（4）PJTF　可携带作业传票格式 PJTF（Portable Job Ticket Format）。

1.2　胶印机智能控制系统的类型及名称

目前印刷设备市场中，主要有：海德堡公司的 CPC、CP-Tronic 以及 CP2000 系统；罗兰公司的 RCI、CCI 和 PECOM 系统；高宝公司的 Colortronic、Scantronic 和 Opera 系统；日本三菱公司的 APIS2 和 Maxnet 系统；日本小森公司的 PAI、DoNet 系统等。

1.3　CPC 系统定义及组成

1.3.1　CPC 控制系统定义

海德堡公司的计算机印刷控制系统即 CPC（Computer Printing Control）系统，是海德堡应用于平版印刷机上，用来预调给墨量、遥控给墨、遥控套准以及监控印刷质量的一种可扩展式的系统。

1.3.2　CPC 控制系统组成

该系统由墨量和套准控制装置 CPC1、印刷质量控制装置 CPC2、印版图像阅读装置 CPC3、套准控制装置 CPC4、数据管理系统 CPC5 和自动检测与控制系统 CP‒Tronic（CP 窗）等组成。

（1）CPC1‒01　这是基本的给墨和套准装置。该装置通过控制台上的按键对墨斗微电机进行控制，实现墨量整体和局部调节；对套准电机进行控制实现多色印刷套准。

（2）CPC1‒02　它除了具有 CPC1‒01 所有功能外，还增加了盒式磁带装置、光笔、墨膜厚度分布存储器和处理机等。使用光笔在墨量显示器上划过，就可以把当前的墨膜厚度分布情况以数据形式记录并存储到存储器中，需要时只要调出就可直接使用。盒式磁带装置可以调出由 CPC3 印版阅读装置提供的预调数据。

（3）CPC1‒03　在 CPC1‒02 功能的基础上，可以通过数据线与 CPC2 印刷质量控制装置相连，以便达到更准确的预调。

（4）CPC1‒04　为海德堡印刷机的另一种新型墨量及套准遥控系统，兼容了 CPC1‒01 ~CPC1‒03 的所有功能，功能强大，控制方便。

1.3.3　CPC2 质量控制装置

CPC2 是一种利用印刷质量控制条来确定印刷品质量标准的测量装置。印刷质量控制条可以放置在印刷品的咬口或拖梢处，也可以放置在两侧。该装置的同步测量头可在几秒钟内对印刷质量控制条的全部色阶进行扫描。在一张印刷品上可以测量六种不同的颜色（实地色阶和加网色阶），然后确定诸如色密度、容限偏差、网点增大、相对印刷反差、模糊和重影、叠印率、色调偏差和灰色度等特性参数值，并将这些数据与预调参考值相比较。再手动调节，或通过数据线与 CPC1 连接达到自动调节。它有 CPC21、CPC22、CPC23、CPC24 等几种。

1.3.4　CPC3 印版图像阅读装置

CPC3 印版图像阅读装置是一种通过测量印版上网点区域所占的百分比，从而确定给墨量的装置。与 CPCI 对应，CPC3 也是将图像分为若干个区域，测量时单独计算每个墨区的墨量。

CPC3 印版图像阅读装置通常放置在制版室内，在印版曝光和涂胶以后，可以立即只用几秒钟的时间阅读一个印版，在阅读过程中，传感器均采用与欲阅读印版相类似的校准条进行校正。在非图像部分校准至 0，在实地部分校准至 100%。CPC3 测量的数据可通过盒式磁带读入 CPC1 而控制印刷机。

1.3.5　CPC4 套准控制装置

CPC4 是一个无电缆的红外遥控装置，是一个专门用来测套准的控制器，可以用来测量纵、横两个方向的套准误差值。

CPC4 装置置于 CPC1 控制台的控制板上方，按动按钮就可以通过红外传输方式将数据传送给 CPC1，而通过 CPC1 的遥控装置驱动步进电机调整印版位置，完成必要的校正。常用的有 CPC42。

1.3.6　CPC5 数据管理系统

它与管理、印前、印刷和印后运作联系在一起。这个复杂的印刷厂管理系统是以数据网络为基础的。它对高效生产计划、自动机器预置以及有效生产数据的获取等信息的变化进行最佳化和自动化处理。

1.3.7　CP 窗自动检测与控制系统

CP 窗（CP-tronic）是海德堡印刷机在 CPC 控制系统的基础上，又配备了全面控制、检测和诊断印刷机的全数字化电子显示系统，是一个模块化的集中控制、监测和诊断系统。如预选值和实际值用数字输入，并能重新存储或重新显示。CP 窗，除了 CPC 系统功能外，加强了对印刷机的综合控制。它包括 CP 窗控制功能（CP 窗中央控制台、控制台一般操作程序、操作台故障操作程序、中央润滑系统操作程序）和 CP 窗的自动调整功能（自动更换印版装置、CPC 与 CP 窗的连接）。

1.4　CP2000 系统组成及控制台功能

CP2000 型新一代胶印机以 CP200 为核心，以海德堡公司传统的速霸胶印机为基础，形成完美的机电组合。它具有现代化设计的控制台，控制台上方有一个 TFT 彩色显示大屏幕触摸屏，任何操作都能在触摸屏上轻易完成，所有重要的功能都能在触摸屏上预设和调整，所有的作业信息和机器设定数据都能从屏幕上存储和读取。就其控制系统而言，CP2000 控制系统秉承了 CP 窗（CP-ronie）和油墨遥控系统 CPC1-04、CPC24 的所有功能，并增加了如色彩实时控制、触摸屏操作等一些加强功能，使得整套中央控制系统日趋完善。

1.4.1　CP2000 控制台介绍

CP 控制台主要由触摸屏、启动面板、墨区调节及套准调节面板、放置样张平台等组成。

（1）启动面板　启动面板上的控制按键如图 7-1 所示。1 为印刷键，具有输纸和合压等系列功能（按键呈绿色）；2 为停车链（按键呈红色）；3 为废纸计数器开/关键（开启时，按键灯亮）；4 为印刷增速键；5 为印刷减速键；6 为启动运行键；7 为飞达打开/关闭键（打开时，按键灯亮）；8 为走纸键（打开时，按键灯亮）；9 为紧急停车键。

（2）墨区调节及套准调节面板　局部出墨量调节如图 7-2 所示。对开机设有控制微电机的 32 组调节油墨的按键，分别对应于 32 个墨区。每组有两个按键，上面的按键为加墨按键，下面的按键为减墨按键。按键的上方为墨量显示器，与调节按键一样也有 32 组，分别对应着 32 墨区，并且每一组显示器都由 16 个发光二极管组成，用于显示该区域墨膜的厚度，调节的范围在 0~0.52mm，每一小格代表 0.01mm。

整体出墨量的调节如图 7-3 所示，通过操作按键"+"、"-"改变墨斗辊的间歇回转

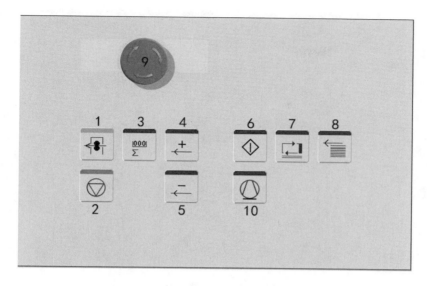

图 7-1　CP2000 控制台上的启动按键面板

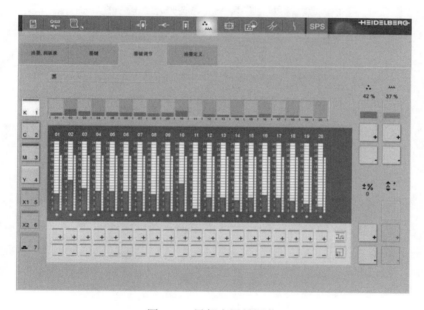

图 7-2　局部出墨量调节

角度的大小来实现。墨斗辊回转角度的调节也是通过微电机控制的，回转角度的大小可以在触摸屏上进行数值显示，这时显示的数值为实际回转角度与最大回转角度的百分数，如显示"45"表示墨斗辊的实际回转角度为最大转角的 45%，调节精度为最大回转角度的 1%。

　　套准的控制如图 7-4 所示，面板上有用于控制印版滚筒轴向和周向位置和斜拉版的按键来控制微调机构，从而实现套准。同样，控制调整的数值可以在各自按键的上方显示出来，调节精度为 0.01mm。

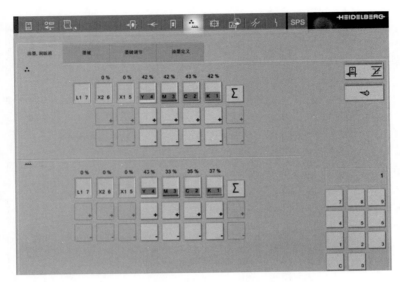

图 7-3 整体出墨量调节

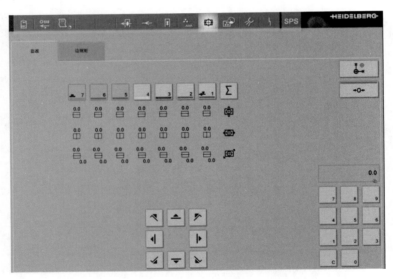

图 7-4 套准调节

1.4.2 印刷机上的控制面板及按钮功能

（1）纸堆控制面板 以海德堡 CD102 为例，如图 7-5 所示，按键 1 控制副纸堆上升；按键 2 控制副纸堆下降；按键 3 控制主机开/关；按键 4 控制主纸堆上升；按键 5 控制主纸堆下降；按键 6 控制主纸堆停止。

（2）印刷机组操作面控制面板 如图 7-6 所示，按键 1 为正转点动键；按键 2 为安全开关，按下此键才能点动机器；按键 3 为反转点动键；按键 4 为爬行速度开关，机器以 5 转/h 的速度运行；按键 5 为靠版墨辊离/合开关；按键 6 为错误显示，表示本单元有故障；按键 7 为传墨离/合开关；按键 8 为定位开关，按下此键机器爬行至拆版位置后机器

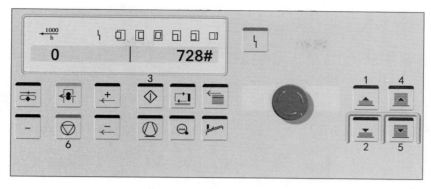

图 7-5　纸堆控制面板按钮

停，按键 9 为装版/拆版开关；按键 10 为生产键；按键 11 为停止键；按键 12 为紧急停机按钮。

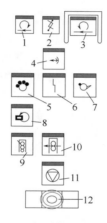

图 7-6　印刷机组控制面板

（3）收纸控制台面板　收纸台控制面板如图 7-7 所示，可以控制红外干燥的温度、吹风量和机器故障状态。

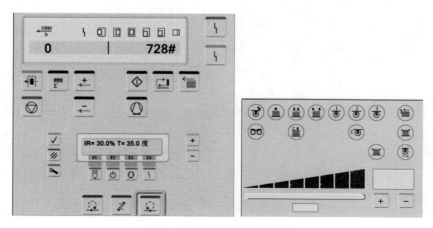

图 7-7　收纸机构控制面板

实训操作模块

2.1　墨色调节 SHOTS 综合模拟操作

任务引入

完成 SHOTS 练习题中题目为《Task 01—Orientation to the Sheetfed Offset Press Task 1–Set 1–GATF Problem 15》的故障分析排除任务。

任务分析

分析排除任务题目《Task 01—Orientation to the Sheetfed Offset Press Task 1–Set I–GATF Problem 15》的主要思路是：

第一，在开启题目时，仔细阅读"练习者信息"栏内容。

第二，在 SPS 栏中打开本次任务"工作单"并仔细阅读，明确本次任务中需要排除的故障层级数为1/1。

第三，开机前一定要参照"标准操作流程"进行检测排查纠正相关设置状态，尽可能避免因印刷环境、印刷材料、印刷机开机前预设置状态的不当引起的故障，保障开机运行的安全。

第四，依据本次取样结果，再参考故障"诊断"栏内容，得出故障可能是由墨键设置问题造成的。

任务实施

分析排除任务题目《Task 01—Orientation to the Sheetfed Offset Press Task 1–Set 1–GATF Problem 15》的主要步骤如下：

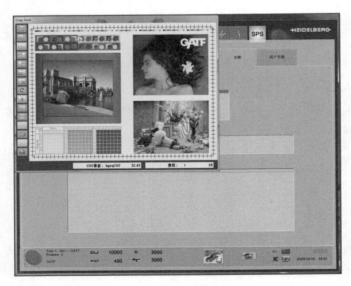

图 7-8　取出的样张

步骤 1：取样张。首先，打开软件，选择好题目后开启题目，前期的操作请参照标准流程。开机后，点击取样，取出的样张如图 7-8 所示，返回操作台，关闭走纸，减少过版纸数量，以节约成本。

步骤 2：比较印样和标样。点击看样台上的印样和标样比较功能项，呈现现实印张和标样的对比图。可以看到，印样上黑色明显存在色差，颜色左深右浅。

步骤 3：印样故障精细诊断。点击印样分析，色差问题得到确认，如图 7-9 所示。要判断色差的具体位置及差值，需要使用"看样台"上工具箱中的联机密度计工具。

步骤 4：色差的具体位置及差值诊断。打开工具箱，选择联机密度计。点击"测量"后，再点击上方的"数值"按键，测量结果如图 7-10 所示。

步骤 5：墨区墨量调整。返回控制台，选择"墨键调节"界面，如图 7-11 所示，根据测量结果和标准样张墨色对黑色组墨区进行相应的墨量调整，如图 7-12 所示。

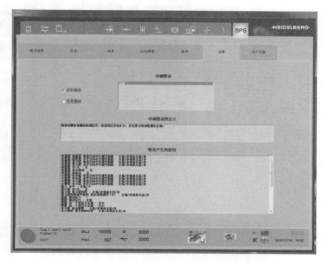

图 7-9　印样故障精细诊断结果图

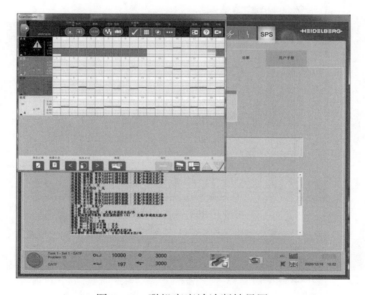

图 7-10　联机密度计诊断结果图

步骤 6：调整墨键至合适值，直到没有色差存在。通过不断地调整墨键并及时取样和测量，直到测出来的密度全部显示绿色为止。如图 7-13 所示，每次调整墨键后，都要重新开启自动输纸印刷和取样对比程序，并重复"步骤 4"和"步骤 5"操作，直到印刷样张没有色差存在为止。注意：墨键墨量值要按照每次 3 个单位的调节量逐步增减，切忌盲目地追求一步到位式的调整；此外，整个调整过程中只关自动输纸不要关停印刷机。

步骤 7：故障诊断。点击诊断，查看显示无故障问题，如图 7-14 所示。

步骤 8：点击净计数器开关，系统提示练习完成。点击"是"，完成练习。

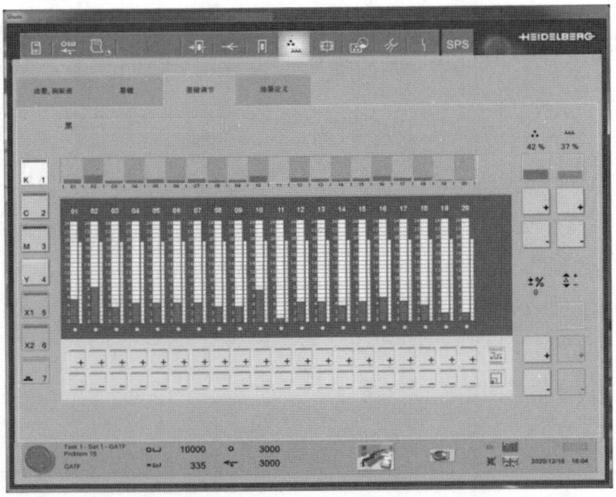

图 7-11　墨键调节界面

图 7-12　将黑色组墨区进行相应的墨量调整

图 7-13　联机密度计显示无色差存在的诊断结果图

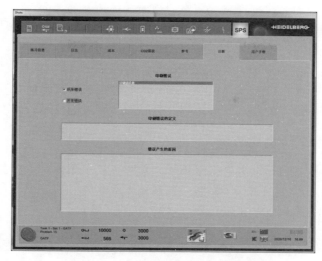

图 7-14　故障诊断显示无故障结果图

任务评价

使用 Trace Editor 或 ASA 模块查看本次排障操作结果，理想的排障操作结果是：操作总成本应该控制在 50 欧元以内。

技能训练

技能训练操作记录见表 7-1。

表 7-1　　　　　　　　　　　　**技能训练操作记录表**

序号	练习题题号	参考成本/欧元	练习者成本费用/欧元
1	Task 06—The Printing Unit Set 1 Exercise 2	50	
2	Unit-02 Chinese Workbook EX-CN 02A	50	
3	JC1-5-1	50	
4	JC1-5-2	50	
5	JC1-5-3	50	

2.2　中景 PZ1740E 印刷综合操作

2.2.1　阅读印刷施工单

印刷施工单是客户对印刷厂、印刷厂对本厂工人传递印刷生产过程中所需满足的印刷要求的一种信息凭证。一个完整的印刷施工单包含了客户对产品的加工要求、生产经营和调度部门的生产计划、质量管理部门为保证产品质量所做的工艺安排，它是进行印刷作业的依据。操作人员在接到施工单后必须仔细阅读，为正式印刷做好正确、充分的准备。为了正确读取施工单上的相关信息，操作人员在阅读印刷施工单时，应该做到以下几点：

① 了解所印产品的名称、规格尺寸、质量要求、交货日期。

② 了解所需纸张的名称、规格、定量、数量、印刷正数（即客户所需成品数量，而不是实际的印刷数量）、印刷加放量（即印刷时允许损耗的纸张数）和其他加放量（即预留印后加工时的损耗）。

③ 了解油墨的品名、型号、所需数量和印刷适性等。

④ 知道所印产品的工艺方法、色序安排和作业过程中的数据标准。

⑤ 熟悉产品印后加工的要求，避免印刷后的产品无法进行印后加工。

2.2.2　上水、传水及水量控制

① 将配置好的润版液装入到真空水箱中，盖紧真空水箱盖。

② 打开水箱下方的水阀，保证润版液顺利流入水斗里。

③ 根据墨量大小合理控制水量（图7-15）。

图7-15　水量控制

④ 把传水辊打到"给水"状态，并使着水辊与印版表面接触。

⑤ 当印版表面的水分达到一定程度时，着水辊停止供水，传水辊打到"自动"状态。

注意事项：彻底清洗水斗并保证水斗辊表面清洁；下水管尽量不要弯曲，以便水流畅通。

2.2.3　上墨、传墨及墨量控制

① 根据原稿选择好油墨。

② 抬起墨斗，锁紧墨斗两端螺丝。

③ 根据印刷品数量及图文面积选择墨量，用专用墨铲向墨斗里装入所需油墨并摇匀，开平墨斗（通过局部调节完成）。

④ 用墨键调节螺丝开平墨斗，如图7-16所示。

⑤ 机器运行后定速，手柄打到"给墨"状态，等墨量传好后打到"自动"位置，如

图 7-17 所示。通过听和看来判断墨量，一般墨层分离声音较轻但能听到声音时，墨量正好；若分离声音很响，能听到滋滋的声音，说明墨量太大，这时必须停机，再用吸墨纸进行吸墨处理。

注意事项：开始上墨时，根据原稿控制起始整体墨量的大小。局部墨量调节螺钉不能过紧，以防墨斗辊表面被刮伤。

图 7-16　墨键调节

图 7-17　给墨状态调节

2.2.4　图文位置的印版调整

印刷中要改变图文在纸张上的相应位置印版调整主要方法有：拉版、借滚筒，具体操作方法如下：

（1）借滚筒　借滚筒是为了大范围改变图文在纸张上的周向位置而采用的一种调节方法，它是通过调整印版滚筒体及其上面的印版相对于其传动齿轮圆周方向上的装配位置，调整印版滚筒及其印版相对于橡皮滚筒的周向位置，实现图文上、下方向的等量调节。一般以下几种情况需要借滚筒：①由于制版误差，造成图文在印版位置上、下偏移过大，或者印版装夹偏上、偏下的值较大，用拉版的方法已无法调节。②虽然印张两边规矩线的上下位置已经一致，但还需要改变印版图文与纸张的相对位置，即需要平行调节图文在印张上的位置且量值过大时。借滚筒之前首先试印几张印刷品（至少三张），查看输纸状态是否良好，确保所取样的几张印品横向和纵向规矩线（或十字线）都处于同一位置。在拉版拉平的前提下，根据印刷产品的要求，通过调节印版滚筒相对于橡皮滚筒位置的改变，从而使印版图文转移到橡皮布，最后转移到承印物的图文位置发生改变。借滚筒操作步骤如下：

① 通过套筒松开印版滚筒四个固定螺丝，如图 7-18 所示。

② 进行正点、反点机器，调整滚筒版面的周向位置。

③ 通过套筒拧紧印版滚筒四个固定螺丝。

④ 再次印刷经样张分析后再做调节。

注意事项：借滚筒时需将机器停锁，以确保安全。松开的印版滚筒固定螺丝，借滚筒结束时必须锁紧。

（2）拉版　当印刷四色出现叠印误差时，现通过拉版的办法来加以修正，如图7-19所示。拉版修正步骤如下：

图7-18　印版滚筒固定螺丝

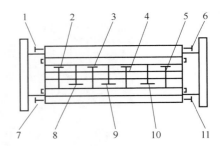

图7-19　拉版调节示意图

1、6、7、11—顶版螺丝　2～5—托梢边螺丝

8～10—叼口边螺丝

① 松开拖梢边螺丝2、3、4、5，操作如图7-20所示。

② 朝肩铁方向拧动顶版螺丝11，操作如图7-21所示。

③ 拉叼口边螺丝8、9，操作如图7-22所示。

④ 紧拖梢边螺丝2、3、4、5，操作如图7-23所示。

⑤ 检查各个螺丝是否拉紧。

图7-20　松开拖梢边螺丝

图 7-21　拧动顶版螺丝

图 7-22　拉叼口边螺丝

注意事项：

① 印刷前需将前规调回零位。

② 拉版时要防止印版拉伸变形过大、防止印版拉裂。

③ 拉版时着水辊和着墨辊要与印版脱开。

（3）彩色产品套印精度的控制　对于单色机套四色，套印精度的控制可通过以下几个步骤来实现：

① 确保第一色已经印刷完毕，图文的位置已经在印刷品的合理范围之内。

② 用目测法或放大镜来分析第一色与第二色套准线之间的位置。

③ 根据第一色与第二色之间的位置误差，确定借滚筒、拉版、前规、侧规和纸堆的调节方向。

图 7-23　紧拖梢边螺丝

　　④ 如果周向需要大范围调节时，可先进行借滚筒操作，当周向套准误差达到很小范围后，用拉版或动前规的方法来实现周向精确套准；如果两色周向套准误差很小，可直接用拉版或动前规的方法来调节（具体调节参照单色印刷环节）。

　　⑤ 如果轴向套准误差过大时，可先动纸堆的轴向位置，当两色轴向误差很小时，用侧规微调来实现精确调节；如果轴向套准误差很小时，可直接用侧规微调来调节。

2.3　印刷产品墨色调节

　　印品相关尺寸符合施工单的要求后，再看一下所开下来的样张和原稿的墨色是否相符，墨色调节主要通过整体和局部墨量的调节来控制和实现，如图 7-24 所示。

图 7-24　墨量调节

　　具体步骤：把开下来的样和原稿在同一标准光源下比较，并进行校对。校对没问题后，看整体墨量是大是小（通过改变墨斗辊转角来实现）。如墨量大，则减小墨斗辊转角，停墨，拿过版纸吸墨后并多放过版纸加速开机后再比较。如墨量小，则增大墨斗辊转角，传墨，多放过版纸加速开机再比较。

考核评价模块

3.1　理论测试

（1）选择题

① 海德堡印刷机的 CPC 控制系统中的 CPC2 是（　　　）。

A. 墨量和套准控制装置　　　　　　B. 套准控制装置

C. 印刷质量控制装置　　　　　　　D. 印版图像阅读装置

② 常用来检测印刷品颜色的仪器是（　　）。

A. 放大镜　　　　　　　　　　　　B. 色度计

C. 光学密度计　　　　　　　　　　D. 光泽度计

（2）简答题

分析 CPC 控制系统组成及的功能。

3.2　实操考评

技能操作考评记录见表 7-2。

表 7-2　　　　　　　　　　　　　技能操作考评记录表

考评内容	分值	评分标准	扣分	得分
上水、传水及水量控制	20	上水操作（10 分）		
		水量控制（10 分）		
上墨、传墨及墨量控制	30	上墨操作（10 分）		
		墨量控制（20 分）		
印版图文位置的调节	50	借滚筒（20 分）		
		拉版操作（30 分）		
合计得分				
实训效果评价等级				
实训指导教师意见				

参 考 文 献

[1] 潘光华，刘渝，白家旺. 印刷设备 [M]. 北京：中国轻工业出版社，2015.

[2] 沈都，李树章. 单张纸胶印模拟系统 SHOTS 操作教程 [M]. 北京：文化发展出版社，2016.

[3] 周玉松. 现代胶印机的使用与调节 [M]. 北京：中国轻工业出版社，2011.

[4] 周玉松. 印刷实训指导手册 [M]. 北京：印刷工业出版社，2008.

[5] 余成发，段纯. 包装印刷设备 [M]. 北京：中国轻工业出版社，2014.

[6] 成刚虎. 印刷机械 [M]. 北京：文化发展出版社，2016.

[7] 潘杰，金文堂. 印刷机结构与调节 [M]. 北京：化学工业出版社，2011.

[8] 谢普南. 印刷设备 [M]. 北京：印刷工业出版社，2003.

[9] 许文才. 现代印刷机械 [M]. 北京：印刷工业出版社，1997.

[10] 宁荣华. 海德堡 102 系列胶印机维修与调节 [M]. 北京：印刷工业出版社，2005.

[11] [德] 赫尔穆特·基普汉著. 印刷媒体技术手册 [M]. 谢普南，王强，译. 北京：世界图书出版公司，2004.